唐山学院学术著作出版资助经费资助出版

带传动系统的非线性
机电耦联振动

李高峰　杨志安　著

U0235915

黄河水利出版社

·郑　州·

内 容 提 要

本书分为 5 章,采用递进式论述。第 1 章绪论是基础准备部分,主要介绍非线性振动的研究简史、带传动研究进展和机电耦联动力学的研究。第 2 章带传动的基本理论,也是带传动的基础部分,从带传动运行理论、带传动系统动力学和带传动系统的振动三方面对带传动系统知识进行梳理,也对带传动机构非线性振动研究的必要性进行阐述。第 3 章黏弹性传送带的非线性振动研究。第 4 章皮带机构的非线性振动研究,研究皮带机构的主共振、亚谐共振、超谐共振,对比分析主共振的一、二次近似解,以及强非线性的共振。第 5 章皮带机构的机电耦联共振研究,对皮带机构的横扭共振及横扭耦合共振和皮带机构的机电耦联共振进行研究。

本书可作为机械及相关专业本科生、研究生的教材,也可供有关技术人员参考。

图书在版编目(CIP)数据

带传动系统的非线性机电耦联振动/李高峰,杨志安
著 . —郑州:黄河水利出版社,2019.7
ISBN 978 - 7 - 5509 - 2453 - 6

Ⅰ.①带… Ⅱ.①李… ②杨… Ⅲ.①交流电机-
非线性振动 Ⅳ.①TM340.14

中国版本图书馆 CIP 数据核字(2019)第 161032 号

出 版 社:黄河水利出版社
地址:河南省郑州市顺河路黄委会综合楼 14 层 邮政编码:450003
发行单位:黄河水利出版社
发行部电话:0371 - 66026940、66020550、66028004、66022620(传真)
E-mail:hhslcbs@126. com
承印单位:河南新华印刷集团有限公司
开本:787 mm×1092 1/16
印张:8. 5
字数:210 千字 印数:1—1 000
版次:2019 年 7 月第 1 版 印次:2019 年 7 月第 1 次印刷
定价:65. 00 元

前　言

　　非线性科学是研究世界的本质复杂现象的科学。从实际问题中建立起来的动力学模型一般是非线性的，受到干扰时系统将产生丰富且复杂的动力学现象。在现代工程机械中，皮带传动是机械工程中最普遍的传动装置之一，如皮带式输送机、磨削机、离心机、汽车发动机前端附件驱动等。带传动是采用承受拉力的挠性件（带）完成传递运动和动力的机械传动。带传动装置中带轮存在偏心、带轮轴承有间隙、冲击激励等因素，将使传动带的两端在垂直于带的方向产生简谐运动，而导致带沿竖直方向的上下振动。皮带传动系统客观存在的、来自于系统的物理、几何、结构、能量耗散及运动等因素的影响，导致它的振动实质上是非线性的。在考虑皮带具有非线性黏弹性的条件下，研究了各种参数对皮带传动系统的振动动力特性的影响，为工程应用提供了理论依据。因此，对带传动的非线性振动研究具有重要的科学意义和广阔的应用前景。

　　本书结合作者多年科研研究，以阐述皮带传动非线性动力学的基本概念和研究方法为主，从皮带传动的振动分类入手，从黏弹性传送带的非线性振动、皮带机构的振动、皮带机构的机电耦联共振等方面介绍了带传动的发展以及应用。将非线性振动理论应用于带传动系统，为工程应用提供理论依据，是作者研究课题和出版本书的初衷所在。本书分为5章，采用递进式论述。第1章绪论是基础准备部分，主要介绍了非线性振动的研究简史、带传动研究进展和机电耦联动力学的研究。第2章带传动基本理论，也是带传动的基础部分，从带传动运行理论、带传动系统动力学和带传动系统的振动三方面对带传动系统知识进行梳理，也对带传动机构非线性振动研究的必要性进行阐述。第3章黏弹性传送带的非线性振动研究，分别从传送带系统主参数共振、1/2主参数主共振和参强联合共振探讨。横向振动是带传动中主要的振动形式，横向振动幅值最大。在高速运转时，黏弹性传动带系统将产生很大的横向振动，皮带张力呈现出周期性的变化，因而在黏弹性传动带系统中必须考虑非线性因素的影响。第4章皮带机构的非线性振动研究，研究皮带机构的主共振、亚谐共振、超谐共振，对比分析主共振的一、二次近似解，以及强非线性的共振。带传动装置的振动产生噪声和安全隐患，因此研究皮带传动的振动非常重要。第5章皮带机构的机电耦联共振研究，对皮带机构的横扭共振及横扭耦合共振和皮带机构的机电耦联共振进行研究。

　　本书在编写过程中，得到了唐山学院相关部门领导及同仁的大力支持。同时，也借鉴了国内外众多专家相关领域学术研究成果。在本书的出版过程中，得到了河北省自然科学基金项目资助（A200900097）、河北省高等学校科学技术研究项目（ZD2017307）、唐山市科技计划项目（15130262a）的资助，同时也是项目研究内容的一部分。

　　由于编者学识能力所限，不足之处在所难免，恳请读者不吝赐教和批评指正。

李高峰

2018 年 11 月

目　录

第 1 章　绪　论

非线性科学是研究世界的本质和复杂现象的一门新科学。无线电技术促使了非线性振动理论的诞生，非线性振动的工业价值逐渐显现。从实际问题中建立起来的动力学模型一般是非线性的，并且具有参数依赖性。由于非线性因素，当系统的控制参数受干扰发生变化时，系统将产生丰富且复杂的动力学行为。皮带传动是机械工程中最普遍应用的传动装置之一。带传动是采用承受拉力的挠性件(带)完成传递运动和动力的机械传动。随着机械运转速度的提高和构件柔性的加大，以及设计制造过程中一些不可避免的因素(如间隙、油膜、干摩擦、大变形等)的存在，使得必须考虑系统的非线性，如热膨胀、阻尼、皮带与带轴的相互作用、皮带轴和轮的偏心和皮带单位长度质量分布不均匀等问题。由于皮带传动系统客观存在的、来自于系统的物理、几何、结构、能量耗散及运动等因素的影响，它的振动实质上是非线性的。在考虑皮带具有非线性黏弹性的条件下，研究各种参数对皮带传动系统的振动动力特性的影响，为工程应用提供了理论依据。因此，对带传动的非线性振动研究具有重要的科学意义和广阔的应用前景。

1.1　非线性振动的研究简史

非线性振动的理论研究开始于 19 世纪末，庞加莱(H. Poincare)奠定了理论基础，开辟了定性理论研究振动问题的全新方向。1881 ~ 1886 年，庞加莱定义了奇点和极限环的指数，研究了分岔问题。1788 年，拉格朗日(Lagrange)研究了稳定性理论，建立的保守系统平衡位置的稳定性判据。1892 年，李雅普诺夫(A. M. Lyapunov)给出了稳定性的严格定义，并提出了研究稳定性问题的直接方法。非线性振动的近似解析方法有摄动法、平均法、KBM 法、多尺度法。1957 年，斯特罗克(P. A. Sturrock)在研究电等离子体非线性效应时用两个不同尺度描述系统的解而提出多尺度法。1965 年，奈弗(A. HNayfeh)等使多尺度法进一步完善化。非线性振动系统与线性振动系统有本质的区别。在自然界中一切振动都是非线性的，用线性理论来处理这些问题有时不能准确地解释系统的动力学现象。线性系统只是真实动力系统的一种简化近似。通常，线性系统模型可提供对真实系统动力学行为的很好的逼近。然而，这种线性逼近并非总是可靠的，被忽略的非线性因素有时会在分析和计算中引起无法接受的误差。特别是对于系统的长时间历程动力学行为，即便略去很弱的非线性因素，也常常会出现本质性的错误。非线性动力学是用拓扑、解析、数值和实验的方法研究非线性动态系统各种运动状态及其互相转化的规律，对于有限自由度系统研究的核心问题是分岔和混沌。作为一般力学的分支学科，非线性动力学的目标是探索问题的复杂性。科学史表明，重要的研究进展往往在简单与复杂的交缘处，即复杂系统的简单性和简单系统中的复杂性。非线性动力系统的典型特征主要表现为：

（1）在非线性振动学中，叠加原理不再适用，这给非线性动力学的研究带来了很大的困难，非线性动力学的研究受到了研究方法的限制。

（2）在非线性振动系统中，单频激励可以引起多频响应，在非线性系统中存在着比线性系统复杂得多的现象，如多重共振、亚谐共振、超谐共振、内共振、组台共振等，当激励频率从高到低或由低到高连续变化时，非线性系统响应的振幅会出现跳跃现象，还有和激励频率无关的响应，如混沌运动。

（3）在线性理论中，往往将阻尼假设为线性的，这样系统的响应会随着时间的增长而衰减。而在非线性系统中，当有非线性阻尼时，即使没有外激励的作用，系统有时也会出现周期运动（极限环），如范德波尔方程的自激振动。

（4）非线性振动系统，响应的频率和激励频率、响应的振幅有关，这构成了非线性动力学中广泛存在的多解、振幅跳跃、响应滞后等现象。在一定条件下，会出现混沌运动，即使给定初始条件，也无法确定未来任意时刻的状态。

（5）线性系统在确定性激励作用下，只会产生确定性的响应；非线性系统则会产生类似随机的响应，即使小而有限的激励可以引起大的运动响应。

非线性振动的主要研究问题：①确定平衡点及周期解（系统响应）；②研究平衡点及周期解的稳定性（局部性态）；③研究方程参数变化时，平衡点及周期解个数的变化及形态（稳定性）变化，即分岔与混沌运动；④研究在一定初始条件下系统长期发展的结果（解的全局形态）。

当前研究的主要问题与方向：①多自由度系统的非线性振动问题；②连续体的非线性振动问题；③多频激励下非线性系统特性；④强非线性振动求解方法及解的性态；⑤工程非线性振动问题，如非线性振动系统的控制等。

非线性振动问题的研究方法可分为实验方法和分析方法。

实验方法是指实物或模拟实验，结合计算机处理数据。

分析方法包括定性方法和定量方法。定性方法（几何或相空间平面法）是指在相平面上研究解或平衡点的性质，即相轨迹在相平面上分布情况；确定奇点、极限环、特殊轨迹线，解得全局性态。定量方法包括数值解法和近似解析法两大类，具体参见图1-1。

定量方法
- 数值解法
  - 初值法：Rouge-kutta法
  - 边值法：Shooting Mothed
  - 点映射法：直接法
  - 胞映射法：迭代法
- 近似解析法
  - 摄动法（小参数法）
  - 渐进法（平均法）
  - 多尺度法
  - 伽辽金法
  - 谐波平衡法
  - 等价线性化法

图 1-1

1.2　带传动研究进展

带传动是一种应用十分广泛的柔性件传动，随着现代科学技术的迅速发展，皮带传动机构具有结构简单、传动平稳、能缓和冲击和过载打滑等独特优点，已广泛应用到工业、农业及人们的日常生活中。随着经济全球化和信息技术的迅速发展，社会生产、物资流通、商品交易及其管理方式正在发生深刻的变革。输送机在自动化仓储、工厂自动化等物流领域中是常用的也是非常重要的基本设备，输送机根据不同的使用场合分为若干种类，如无动力滚筒输送机、皮带驱动滚筒输送机、皮带式输送机等。高速带传动在现代高速机械中仍能获得相当广泛的应用，如在磨床、离心机、打印机等高速机械中，常利用带传动增速，使从动轮转速达到 $2 \sim 5$ 万 r/min，带速大于 30 m/s，甚至高达 $50 \sim 60$ m/s。在农业的自动化发展中，皮带传动机构得到了广泛的应用，如玉米剥皮机、粮食传送机、播种机、收割机等。随着对汽车综合性能要求的不断提高，轮系的布置也日渐复杂和困难，轮系设计的优劣，将直接影响发动机附件的性能及其工作可靠性，进而影响整机整车的技术指标。皮带输送机应用十分广泛，特别是矿山、码头、冶金行业中用皮带输送机来输送散性物料，输送能力越来越大（最大 3 000 t/h），输送距离越来越长（最长已达 10 km）。在现代散装物料的连续输送中，带式输送机是主要的运输设备，使用范围相当广泛，具有运输成本低、运量大、无地形限制及维护简便等优势，在采矿、冶金、港口、码头等工况企业越来越显现其重要的作用，并且随着现代工业规模的扩大和技术的发展，带式输送机也随之向长距离、大运量、大型化方向发展，尤其在采矿业的散装物料输送中有着极其广泛的应用前景。

1.2.1　带传动的发展概况

随着经济全球化的迅速发展，带传动的应用日益广泛，对传动的要求相应的提高。国内对带式输送机的动态问题进行了大量的研究，采用带式输送机的有限元动力学模型对带式输送机的起运过程进行仿真研究，研制了一些适合输送机重载启动装置。国外输送机应用了带式输送机的动力学原理，采用动态分析的手段，对静态设计的结果进行改进，开发了带式输送机的动态设计软件，对输送机的动张力进行动态分析与动态跟踪，研制出相应的可调速功率的平衡系统与监控系统，减轻动载对元件的冲击，延长其使用寿命，使输送带的安全系数降低，因而投资成本也低。对于带传动的非线性已有许多学者从不同角度进行了理论和实验研究，通过对文献的阅读归纳，做以下介绍：

对皮带的非线性振动的研究，国内的学者进行了理论研究。崔道碧建立了考虑具有非线性黏弹性材料的皮带传动系统的扭转振动方程，应用 Lagrange 方程得到系统的运动微分方程，应用多尺度方法对方程求解，确定了主系统稳态解的幅频响应方程。分析了频率比、阻尼因子、皮带传动中主从动轮半径比、激振力矩的幅值等几种参数对幅频响应曲线的影响。结果表明，系统的响应曲线呈典型的立方非线性特征，即使黏弹性材料具有硬弹簧系统特性，而主系统的幅频响应曲线一般地呈软弹簧系统特性。成经平通过对高速带传动系统的动力学分析，求出了该振动模型的固有频率，针对高速带传动按动态要求进行设计或振动验算提供了理论基础，并就高速带装置发生剧烈振动的振因分析及解决提供了有效途径。陈立群采用解析和数值方法得到了一类平带驱动系统非线性振动的幅频特性。考虑由主动轮、从动轮、张紧轮和张紧臂构成的平带驱动系统基本力学模型，建立了系统的振动方程。将平均法的基本思想应用于模型化为有阻尼多自由度非线性系统的平带驱动系统，得到了系统的幅频特性，并与用直接数值方法得到的结果进行了比较。推广了平均法的基本思想到多自由度系统，导出了平均化方程，进而得到了系统响应的幅频特性。闻欣荣对带轮系统的振动进行分析，结合疲劳方程，对带的拉力及带早期断裂原因做了讨论，静态条件下带所受的拉力比实际情况所受的拉力小；由于动态应力的增加，带的疲劳寿命比在静态时的寿命小几倍。含有动态参数项是对经典方法中拉力公式的理论修正，所提方法也能提高带寿命预报精度的计算方法。刘莹从带传动的基本公式分析入手，通过普通皮带传动的静态和动态实验及分析，得出传动带工作时其拉伸变形不符合胡克定律。由于传动带工作时弹性性质的非线性，应力与应变呈非线性关系，且在传递载荷较大时，仍有较大的工作潜力，从而为充分发挥带传动的工作能力提供了设计依据。杨玉萍应用拉格朗日方程和虚功原理建立了同步带传动纵向振动的运动微分方程，导出了纵向自由振动的固有频率及当同步带轮有偏心时纵向振动和横向振动的激励响应，为选择设计参数提供理论依据。

国外的学者 Serge Abrate 分析了功率传动带与运转中要产生轴向、横向及扭转运动。对适用于分析皮带自由振动和受迫振动的模型进行了讨论，并讨论了皮带和张力、输送速度、抗弯刚度、支承柔度、大位移及带和带轮的缺陷造成的影响。文章评述了传动带振动分析中的技术发展水平，不仅汇聚了许多文献中的论文内容，也给出了一些新的研究成果。L. Zhang 和 J. W. Zu 对黏弹性传动带的非线性振动分别进行了自由振动分析和强迫振动分析。在自由振动分析中，考虑了线性黏弹性微分构成规律和带的几何非线性建立了数学模型，得到了连续自治回转系统的控制方程。在强迫振动中，建模时考虑了轮的偏心，得到了连续非自治回转系统的控制方程。运用多尺度法和摄动法，得到了自由振动的频率和振幅。对比了有拟静态假设和没有假设两种情况的结果。研究了弹性参数、黏弹性参数、轴向运动速度和几何非线性对频率和振幅的影响。F. Pellicano 研究了传动带的主共振和参数共振的非线性，从实验和理论上进行了分析。考虑了轮的偏心对其影响，对比了简化模型和实验数据。

一些学者对摩擦和弹性滑动进行了研究。朱丛鉴分析了皮带传动中与弹性滑动有关的问题。皮带传动的功率损失主要是由于弹性滑动产生的。张家驷探讨胶带的刚度和干摩擦的带传动等效阻尼系数计算。张有忧应用弹性力学应力与应变的关系，分析了带传动由于带轮槽变化而产生的附加摩擦力。陈扬枝介绍新型带传动——弹性啮合与摩擦耦合带传动的结构、传动原理，研究动力学性能，并与 O 形 V 带进行对比试验。

另外，对发动机前端附件带传动的振动研究，刘承义对轮系张紧力等问题进行了分析计算。刘元冬利用 Adams 软件建立了发动机前端附件带传动系统的虚拟样机模型，得到了皮带的横向振动、张紧臂的摆动角度及皮带与带轮的接触力等动态参数。上官文斌团队综合研究曲轴扭振与发动机前端附件驱动的系统(FEAD)的振动，FEAD 系统中带的振动形式主要包括横向振动、纵向振动、侧向振动和扭转振动，运用 Runge-Kutta 法求解带横向振动的位移。建立了具有单向离合解耦器(overrunning alternator decoupler, OAD)的八轮—多楔带发动机前端附件驱动系统的非线性旋转振动数学模型。研究了发动机 FEAD—曲轴扭振系统的耦合模型。侯之超团队分析发动机前端附件带传动系统的固有振动特性，提出的混合算法能准确有效地计算系统的固有频率。考虑非定心自动张紧轮导致的皮带横向振动与带轮转动振动的耦合。带传动功率损失的量化研究是发动机前端附件皮带传动系统实现节能减排的需要。通过实验测定某型皮带的力学特性参数，据此在 Adams 软件中建立了系统仿真模型，为了控制系统的转动振动建立多带轮传动系统的转动振动模型及其求解方法。

通过对文献的研究，证明了带传动具有丰富的动力学现象。皮带本身的特点，如几何非线性、黏性阻尼、弹性参数、黏弹性参数、材质和结构等成为产生非线性振动的原因。由于初张力、支承柔度和非线性特性的影响，皮带在实际应用中还要产生更为复杂的扭振，宽而荡的皮带尤其如此，带传动也可被视为一个多自由度系统。皮带驱动机构的非线性振动原因复杂多样，对此的研究方法也不尽相同。大部分学者们都是采用欧拉公式、胡克定律、拉格朗日方程进行分析，建立系统微分方程。

1.2.2 带传动存在的问题

目前，在带传动设计中，按弹性滑动理论的设计，即可保证带传动不打滑且传动带具有足够的疲劳强度和寿命。但是往往会早期断裂和打滑，特别是高速带传动更易早期断裂，个别结构甚至只有几小时，早期断裂列为三角胶带传动的常见故障之一。一般常用胶带传动在传递动力的过程中总体有弹性滑动，这是带传动的一个严重缺点。弹性滑动是皮带两边的弹性应变不相等所引起的，它是皮带传动中不可避免的物理现象。振动会造成带的剧烈抖动、拍击甚至脱落，也会引起从动轴与工作机械的强烈扭振，致使机械无法正常工作。在高速带传动系统中，高速转动的带轮和轴由于制造安装及材质不均匀等原因造成的不平衡，导致带传动的横向受迫振动等问题有待进一步研究。扭转振动将影响皮带传动的工作可靠性和传动效率，当振动幅值过大时将造成传动装置的失效或损坏。带的弹性性质是产生振动的主要因素，而其本身又受许多因素影响，如几何误差、加工误差、装配误差及外加随时变化的扭矩等。几何问题，如皮带厚度和宽度上的偏差或是横截面的机械性能改变。皮带中的强力芯线既然是螺旋状分布，那么每根皮带上都应有两个端头，这表明皮带的轴向模量和抗弯模量将根据每个横截面上的芯线根数沿着皮带变化，制造中留下的皮带缺陷的影响。这些缺陷可分为两类，一类被假定为几何尺寸沿皮带逐渐开发生变化；另一类缺陷则出现在局部，并在有缺陷的部分进入和离开带轴时产生强烈的脉冲。振动将影响皮带的传动的工作可靠性和传动效率，当振幅过大时将造成传动装置的失效或损坏。电机是应用于种类繁多的驱动，电机启动经过一段时间，带及带轮的运动进入了稳定阶段，在这一阶段中，带的高速轴与低速轴的角速度均会出现波动，也就是它们的速度与各自的平均角速度比较，均有所升降。高速轴的转速一般来自电机,角速度的周期波动,而低速轴转速的波动与工作机械的工作性质有关,有些机器的实际工作阻力(载荷)的变化是无规律的。电机作为驱动源,在机构中具有不可忽略的影响,特别是大型机构。

1.3 机电耦联动力学的研究

机电动力学是将力学与电磁学结合起来,研究运动物体在电磁场中发生相互作用的规律,它们包含着电机动力学、磁弹性动力学、磁流体动力学、等离子体动力学、生物系统机电学等广泛的学科领域。机电耦联动力学系统是由电机及其他机械和电力系统相互耦合的复杂系统,涉及多个学科的基础领域,包括力学(一般指力学、连续力学、振动理论等)、电学(包括电磁场理论、电机理论、电路等)及其形成的交叉学科。机电之间相互作用规律的研究,需要解决两方面的问题,一方面是正确地建立机电系统耦联的数学模型;另一方面是非线性机电耦联系统的动力学分析。机电分析动力学是研究机电耦联问题很有效的工具,它从能量的观点出发,作为统一的方法,可用于建立一般力学与电路理论连续介质力学与电磁场理论相耦合的微分方程组系统,去研究机电耦联的相互作用规律。机电耦联动力系统在国民经济的发展中占有重要的地位,涉及广泛的工农业生产和科学技术领域。交通工具的发展,推动了高能电动车、电气机车及高速磁悬浮列车的研制发展。磁悬浮列车利用强大的电磁力悬浮车体载重利用直线电机驱动列车前进,配置一套控制磁浮力、拖动力及气隙大小等项目的控制系统,形成一个机电耦联动力系统。邱家俊、杨志安、闻邦椿等给机电的动力学的研究提供了方法和启迪。机电耦联动力学的研究对经济发展和社会进步具有重要的意义。

第 2 章 带传动的基本理论

带传动是一种应用十分广泛的柔性件传动，它具有结构简单、传动平稳、无噪声、能吸振，且在远距离内以最少构件传递大功率等优点。很多因素都使皮带传动产生振动，如加工误差、装配误差及外加随时变化的扭矩等。振动将影响皮带传动工作的可靠性和传动效率，当振幅过大时将造成传动装置的失效或损坏。现代工业对机械设备及机械传动系统的要求越来越高，机械设备及机械传动系统向着大型化、高速化、轻量化、构件柔性化方向发展。

2.1 带传动运行理论

带传动是采用承受拉力的挠性件(带)完成传递运动和动力的机械传动。它由主动轮、从动轮、电机、传动轴及附加件等构成。带传动是靠皮带与带轮之间的摩擦力来传递动力的。

带传动的主要几何参数有中心距 a、带轮直径 d、带长 L 和包角 α 等，如图 2-1 所示。中心距 a：当带处于规定张紧力时，指两带轮轴线间的距离；带轮直径 d：在带传动中，指带轮的基准直径；带长 L：对带传动，指带的基准长度；包角 α：指带与带轮接触弧所对的中心角。

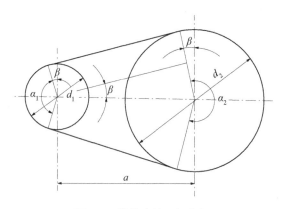

图 2-1　带传动的几何参数

带长:

$$L = 2a\cos\beta + (\pi - 2\beta)\frac{d_1}{2} + (\pi + 2\beta)\frac{d_2}{2} \approx 2\sqrt{\left(\frac{d_2 - d_1}{2}\right)^2 + a^2} + \pi\left(\frac{d_2 + d_1}{2}\right)$$

(2-1)

若 $\alpha \approx \pi \pm 2\beta$, 又因为 β 角很小, 所以 $\beta = \sin\beta = \dfrac{d_2 - d_1}{2a}$, 可得

$$\alpha \approx \pi \pm \frac{d_2 - d_1}{a}$$

(2-2)

2.1.1　带传动的受力分析

如图 2-2 所示, 带必须以一定的初拉力张紧在带轮上, 使带与带轮的接触面上产生正压力。带传动未工作时, 带的两边具有相等的初拉力 F_0。带传动负载工作时, 是靠皮带与带轮之间的摩擦力来传递动力的, 一边拉紧, 一边放松。紧边拉力为 F_1, 松边拉力为 F_2。带的总长不变, 则在紧边拉力的增加量 $F_1 - F_0$ 应等于在松边拉力的减少量 $F_0 - F_2$, 可得

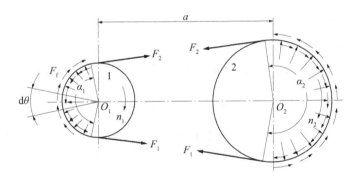

图 2-2　带与带轮的受力分析

$$F_0 = \frac{F_1 + F_2}{2}$$

(2-3)

带紧边和松边的拉力差应等于带与带轮接触面上产生的摩擦力的总和 F_f, 称为带传动的有效拉力 F, 也就是带所传递的圆周力 F, 即

$$F = F_f = F_1 - F_2$$

(2-4)

实际上, 在一定的条件下, 摩擦力的大小有一个极限值, 即最大摩擦力 F_{fmax}, 若带所需传递的圆周力超过这个极限值, 带与带轮将发生显著的相对滑动, 这种现象称为打滑。当摩擦力达到极限值时, 可用柔韧体摩擦的欧拉方式

来表示

$$\frac{F_1}{F_2} = e^{f\alpha} \tag{2-5}$$

式中，f 为带与轮之间的摩擦系数。

由式(2-5)可知，增大包角 α 和摩擦系数 f，都可提高带传动所能传递的圆周力。对于带传动，在带和带轮确定的情况下，f 为一定值，而且 $\alpha_2 > \alpha_1$，所以摩擦力的最大值取决于 α_1。

2.1.2 带的应力分析

带传动时，带中产生的应力有拉应力 σ、弯曲应力 σ_b、由离心力产生的应力 σ_c。

2.1.2.1 由拉力产生的拉应力 σ

紧边和松边拉应力为

$$\sigma_1 = \frac{F_1}{A}, \qquad \sigma_2 = \frac{F_2}{A} \tag{2-6}$$

式中，A 为带的横截面面积。

2.1.2.2 弯曲应力 σ_b

带绕过带轮时，因弯曲而产生弯曲应力 σ_{b1} 和 σ_{b2}

$$\sigma_{b1} = E\frac{h}{d_1}, \qquad \sigma_{b2} = E\frac{h}{d_2} \tag{2-7}$$

式中，E 为带的弹性模量；d 为带轮的基准直径。

从式(2-7)可知，带在两轮上产生的弯曲应力的大小与带轮基准直径成反比，故小轮上的弯曲应力较大。

2.1.2.3 由离心力产生的应力 σ_c

当带沿带轮轮缘做圆周运动时，带上每一质点都受离心力作用。离心拉力 $F_c = qv^2$，它在带的所有横剖面上所产生的离心拉应力 σ_c 是相等的。

$$\sigma_c = \frac{F_c}{A} = \frac{qv^2}{A} \tag{2-8}$$

式中，q 为每米带长的质量；v 为带速。

图2-3为带的应力分布情况，带上的应力是变化的。最大应力发生在紧边与小轮的接触处。带中的最大应力为

$$\sigma_{max} = \sigma_1 + \sigma_c + \sigma_{b1} \tag{2-9}$$

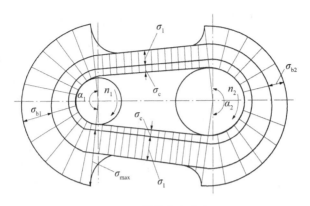

图 2-3　带的应力分布

2.1.3　带的弹性滑动和打滑

带传动是靠带与带轮之间的摩擦力来传递动力的。在整个带轮包角范围内，由松边到紧边的摩擦力数值不同，呈非线性变化，且不一定在整个弧段内。传动带在受到拉力作用时会发生弹性变形。弹性滑动如图 2-4 所示，带自点 b 绕上主动轮时，带的速度和主动轮的速度相等。当带由点 b 转到点 c 时，带的拉力由 F_1 逐渐减小到 F_2，与此同时，带的单位长度的伸长量也随之逐渐减小，亦即带逐渐缩短，从而使带沿带轮表面产生向后(由 c 向 b 方向)爬行的现象，这种现象称为弹性滑动。实践表明，弹性滑动并不是发生在全部接触弧上，而是只发生在带离开带轮以前的那一段弧上(图 2-4 中 b'c 和 e'f)，称有弹性滑动的弧为动弧。无弹性滑动的弧为静弧(图 2-4 中 bb' 和 ee')，两段弧所对应的中心角分别称为动角 α' 和静角 α''。带不传递载荷时，动角为零。随着荷载的增加，动角 α' 逐渐增大，而静角 α'' 则逐渐减小。当动角 $α_1'$ 增大到 $α_1$ 时，达到极限状态，带传动的有效拉力 F 达到最大值，带将开始打滑。由于带在小轮上的包角较小，所以打滑总是在小轮上发生的。打滑会造成带的严重磨损，并使带的运动处于不稳定状态，故正常使用中带不应出现打滑现象。除紧边与松边拉力外，包角中的动角是决定带轮驱动能力的又一重要参数。

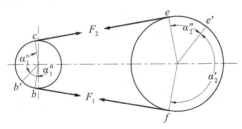

图 2-4　带传动的弹性滑动

进一步分析还可得出，在传动过程中皮带与带轮之间摩擦力，不能超过它们之间的最大静摩擦力，否则就会由静摩擦变为滑动摩擦，由于它们之间相对滑动产生大量热量而消耗了有用功，影响了传动效果。在实际工作中要增大皮带和带轮之间的摩擦系数，将皮带和带轮表面的粗糙度加以限制，且皮带在带轮上不能太松，有必要的张紧力，以增大皮带与带轮之间的压力。在阻碍力矩较小时，应避免用大功率电机来带动；否则会产生较大的主动力矩，同样会增大皮带与带轮之间的摩擦力，影响传动效果。所以，只有当主动轮和从动轮的功率相匹配时，才能达到较佳的效果。打滑会造成带的严重磨损并使带的运动处于不稳定状态，故正常使用中带不应出现打滑现象。

2.2　带传动系统动力学

如图 2-5 所示，从带轮上取微段 dS 进行带的受力分析，带两端的拉力分别为 $T(S)$ 和 $T(S+dS)$，速度分别为 $v(S)$ 和 $v(S+dS)$，包角为 $d\theta$，对于主动轮进入端速度高于退出端速度，摩擦力为 f，带轮支撑力为 N，单位长度的质量密度为 ρ。带平稳运转时，质量流 G 保持恒定，其值为

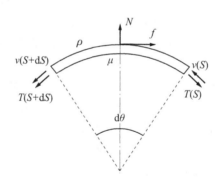

图 2-5　微弧段受力图

$$G = \rho v(S) \tag{2-10}$$

根据动力学的分析方法，可以得到切线方向和法线方向的力平衡方程

$$\left. \begin{array}{l} T(S+dS)\cos\dfrac{d\theta}{2} - fdS - Gv(S)\cos\dfrac{d\theta}{2} - T(S)\cos\dfrac{d\theta}{2} = 0 \\[3mm] -T(S+dS)\sin\dfrac{d\theta}{2} - T(S)\sin\dfrac{d\theta}{2} + NdS + Gv(S)\sin\dfrac{d\theta}{2} + Gv(S+dS)\sin\dfrac{d\theta}{2} = 0 \end{array} \right\}$$

$$\tag{2-11}$$

化简后可得

$$dT - fdS = Gdv \left.\begin{array}{r}\\ N = \dfrac{T(S) - Gv(S)}{r} \end{array}\right\} \tag{2-12}$$

式（2-12）中包含法向惯性力 Gv 和切向惯性力 Gdv，两个方程形成耦合。而许多文献研究都忽略 Gdv，只考虑 Gv，将方程化简为一阶微分方程。

依据微单元带的受力，研究带传动系统中带与带轮接触部位的拉力和法向力，在图 2-6 所示的带传动系统中，主动轮半径为 r_1，以 ω_1 的角速度逆时针旋转，从动轮半径为 r_2，以 ω_2 的角速度旋转。主动轮上的退出点到从动轮上的进入点之间的自由带长为 L，传动带主动轮进入速度为 v_1，主动轮退出速度为 v_2，对应的拉力分别为 T_1 和 T_2，对应的动角分别为 φ_1 和 φ_2，推导可得带轮上接触部分拉力与速度的关系为

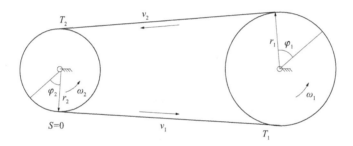

图 2-6　带传动系统模型

$$T = k\left[\frac{v(S)}{v_0} - 1\right] \tag{2-13}$$

式中，v_0 为参考速度；k 为传动带刚度。

2.2.1　静角区受力分析

设带传动系统的输出功率为 P，根据带传动基本公式可得主动轮上静角区拉力为

$$T = T_1 = T_0 + \frac{P}{2v} \tag{2-14}$$

式中，T_0 为初始拉力。

主动轮支撑力为

$$N = \frac{T_0}{r_1} + \frac{P}{2\omega_1 r_1^2} - G\omega_1 \tag{2-15}$$

从动轮上静角区拉力为

$$T = T_2 = T_0 - \frac{P}{2v} \tag{2-16}$$

从动轮支撑力为

$$N = \frac{T_0}{r_2} - \frac{P}{2\omega_2 r_2^2} - G\omega_2 \tag{2-17}$$

静角区内，速度与拉力恒定，摩擦力为零。

2.2.2　动角区受力分析

动角区内带轮和带有相对滑动，摩擦力不能忽略。主动轮上传动带的速度由快变慢，摩擦力方向与带运动方向一致，主动轮受力为

$$dT - Gdv + \mu NdS = 0 \tag{2-18}$$

从动轮上传动带速度由慢变快，摩擦力方向与带运动方向相反，从动轮受力为

$$dT - Gdv - \mu NdS = 0 \tag{2-19}$$

进一步可得主从动轮上的动角对应为

$$\varphi_1 = \varphi_2 = \frac{1}{\mu} \ln \frac{T_0 + \dfrac{P}{2\omega_1 r_1} - G\omega_1 r_1}{T_0 - \dfrac{P}{2\omega_2 r_2} - G\omega_2 r_2} \tag{2-20}$$

根据三角公式，进一步推导可得主从动轮上对应的包角为

$$\left. \begin{aligned} \theta_1 &= 2\pi - 2\arctan \frac{L}{r_1 - r_2} \\ \theta_2 &= 2\arctan \frac{L}{r_1 - r_2} \end{aligned} \right\} \tag{2-21}$$

由式(2-21)可知，主从动轮的包角之和为2π。

为了分析带传动系统受力情况，设定从动轮上传动带的退出点处$S = 0$，如图2-6所示，则主动轮φ_1的坐标范围是

$$\left[L + (\theta_1 - \varphi_1)r_1, \ L + \theta_1 r_1 \right] \tag{2-22}$$

从动轮φ_2的坐标范围是

$$\left[2L + \theta_1 r_1 + (\theta_2 - \varphi_2)r_2, \ 2L + \theta_1 r_1 + \theta_2 r_2 \right] \tag{2-23}$$

在主动轮的动角区，动角区内任意一点处的拉力与速度之间的关系为

$$T(S) - Gv(S) = (T_1 - Gv_1)e^{-\mu[S - L - (\theta_1 - \varphi_1)r_1]} \tag{2-24}$$

进一步可得

$$T(S) = \frac{2Gk\omega_1^2 r_1^2}{2\omega_1 r_1 k + P + 2\omega_1 r_1 T_0 - 2G\omega_1^2 r_1^2} +$$

$$\frac{(2k\omega_1 r_1 + P + 2T_0\omega_1 r_1)(2T_0\omega_1 r_1 + P - 2G\omega_1^2 r_1^2)}{2\omega_1 r_1(2\omega_1 r_1 k + P + 2\omega_1 r_1 T_0 - 2G\omega_1^2 r_1^2)} e^{-\mu[S - L - (\theta_1 - \varphi_1)r_1]}$$

$$v(S) = \frac{2k\omega_1^2 r_1^2}{2\omega_1 r_1 k + P + 2\omega_1 r_1 T_0 - 2G\omega_1^2 r_1^2} +$$

$$\frac{2T_0\omega_1^2 r_1^2 + P\omega_1 r_1 - 2G\omega_1^3 r_1^3}{2\omega_1 r_1 k + P + 2\omega_1 r_1 T_0 - 2G\omega_1^2 r_1^2} e^{-\mu[S - L - (\theta_1 - \varphi_1)r_1]}$$

$$N = \frac{2T_0\omega_1 r_1 + P - 2G\omega_1^2 r_1^2}{2\omega_1 r_1^2} e^{-\mu[S - L - (\theta_1 - \varphi_1)r_1]}$$

$$(2\text{-}25)$$

在从动轮动角区内有

$$T(S) - Gv(S) = (T_2 - Gv_2)e^{\mu[S - 2L - \theta_1 r_1 - (\theta_2 - \varphi_2)r_2]} \qquad (2\text{-}26)$$

求解可得

$$T(S) = \frac{2Gk\omega_2^2 r_2^2}{2\omega_2 r_2 k + P + 2\omega_2 r_2 T_0 - 2G\omega_2^2 r_2^2} +$$

$$\frac{(2k\omega_2 r_2 + P + 2T_0\omega_2 r_2)(2T_0\omega_2 r_2 - P - 2G\omega_2^2 r_2^2)}{2\omega_2 r_2(2\omega_2 r_2 k + P + 2\omega_2 r_2 T_0 - 2G\omega_2^2 r_2^2)} e^{\mu[S - 2L - \theta_1 r_1 - (\theta_2 - \varphi_2)r_2]}$$

$$v(S) = \frac{2k\omega_2^2 r_2^2}{2\omega_2 r_2 k + P + 2\omega_2 r_2 T_0 - 2G\omega_2^2 r_2^2} +$$

$$\frac{2T_0\omega_2^2 r_2^2 - P\omega_2 r_2 - 2G\omega_2^3 r_2^3}{2\omega_2 r_2 k + P + 2\omega_2 r_2 T_0 - 2G\omega_2^2 r_2^2} e^{\mu[S - 2L - \theta_1 r_1 - (\theta_2 - \varphi_2)r_2]}$$

$$N = \frac{2T_0\omega_2 r_2 - P - 2G\omega_2^2 r_2^2}{2\omega_2 r_2^2} e^{\mu[S - 2L - \theta_1 r_1 - (\theta_2 - \varphi_2)r_2]}$$

$$(2\text{-}27)$$

2.3　带传动系统的振动

随着现代工业技术的进步和科学技术的发展，在高速下保持高精度、低噪声已成为衡量机械产品质量的重要指标之一。在带传动技术领域，带传动的振动问题是一个已进行了多年研究但至今仍引起研究者们广泛关注的复杂问题。

对于带传动而言，主要存在四种形式的振动：一是传动系统中沿两带轮中心连线方向的振动，即带传动的纵向振动；二是带沿着与带的运动方向相垂直的方向的振动，即带传动的横向振动；三是带沿带轮轴的往复振动的轴向振动；四是带传动的扭转振动。这四种形式的振动对带传动的传动特性都将产生严重影响，尤其是当激励频率接近带传动系统的固有频率时，带传动系统将产生共振，并可能造成较大的危害。

带是复合材料构成的黏弹性体传动件，在传动过程中由于冲击激励等因素的影响将产生横向振动、纵向振动和轴向振动，如图 2-7 所示以主动轮圆心为坐标原点，带的运动方向与 x 轴同向，水平向左是 x 轴，垂直于带表面的竖直向上方向为 y 轴建立坐标系，则横向振动为垂直于带表面的方向即 y 向的振动，纵向振动与带传动方向一致即 x 向的振动，轴向振动与带轮轴向方向一致即轴方向的振动。

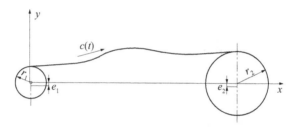

图 2-7　带传动的振动示意图

带传动的横向振动主要发生在两带轮之间的直线段。由于传动带的断面尺寸远小于两带轮之间的中心距，带的抗弯刚度较小因此带传动的横向振动力学模型可以近似地认为是一张弦的横振动，其中弦的张力为传动带的张力，弦的长度为两带轮之间的直线部分长度。由于带轮存在偏心、带轮轴承有间隙、冲击激励等因素，将使传动带的两端在垂直于带的方向产生简谐运动，而导致带沿 y 方向的上下振动。横向振动是带传动中主要的振动形式，横向振动幅值最大。横向振动幅值过大导致带与带轮之间磨损，影响带的使用寿命，而且横向振动是带传动过程中产生噪声的主要原因之一。

带传动中会引起刚度激励变化，导致带传动引起纵向振动，从而引起瞬时传动比变化，影响传动精度。带传动的纵向振动的激振力是由带轮的偏心引起的，为控制振动的振幅，在带轮质量一定的情况下，必须尽量提高带轮的制造精度和装配精度。

轴向振动是由于带齿与带轮的误差、带轮的轴向跳动、传动时主动轴和从动轴的平行性及带速、负载的波动等导致的带沿带轮轴的往复振动。轴向振动会引起带沿带轮轴向方向发生窜动，严重时会使带与带轮的挡边接触，使带的端面发生严重磨损，降低带的使用寿命和带的传动效率。

带的弹性可以引起系统产生扭转振动。假设轴只考虑其扭转刚度，带轮只做惯量来考虑，而带对带轮的作用只考虑带的弹性对扭转的影响，这样就构成一个较为理想的扭转模型。很多因素都可能使带传动产生扭转振动，如带轮和轮轴的加工误差、装配误差及外加随时间变化的扭矩等。扭转振动将影响带传动的工作可靠性和传动效率，当振动幅值过大时将造成传动装置的失效或损坏。由于带传动系统客观存在的、来自于系统的物理、几何、结构、能量耗散以及运动等因素的影响，扭转振动实质上是非线性的。

带传动的振动特性将对系统产生严重影响，尤其是当激励频率接近带传动系统的固有频率时，带传动系统将产生共振，这不仅使机械系统产生很大的噪声，还能对机械系统造成较大的危害，甚至破坏整个机械。因此，对带传动系统的振动研究非常必要。

第 3 章　黏弹性传送带的
非线性振动研究

　　带传动装置中带轮存在偏心、带轮轴承有间隙、冲击激励等因素，将使传动带的两端在垂直于带的方向产生简谐运动，而导致的带沿竖直方向的上下振动。横向振动是带传动中主要的振动形式，横向振动幅值最大。在高速运转时，黏弹性传动带系统将产生很大的横向振动，皮带张力呈现出周期性的变化，因而在黏弹性传动带系统中必须考虑非线性因素的影响。考虑皮带黏弹性材料的非线性特性，以及主动轮和从动轮影响，传动带系统非线性动力学分析是非常复杂的。

　　Serge Abrate 分析了功率传动带与运转中要产生轴向、横向及扭转运动。对适用于分析皮带自由振动和受迫振动的模型进行了讨论，并讨论了皮带和张力、输送速度、抗弯刚度、支承柔度、大位移、带和带轮的缺陷造成的影响。J. Moon 和 J. A. Wickert 研究了功率传送带系统的非线性振动通过实验法和解析法。通过摄动法可得到近似共振响应的振幅，比较实验测试和直接数字仿真获得的非线性模型。F. Pellicano 研究了传动带的主共振和参数共振的非线性，从实验和理论上进行了分析，并考虑了轮的偏心对其的影响，对比了简化模型和实验数据。L. Zhang 和 J. W. Zu 对黏弹性传动带的非线性振动分别进行了自由振动分析和强迫振动分析，运用多尺度法和摄动法，得到了非线性振动的频率和振幅，分析了参数激励的黏弹性传动带的非线性振动的动态响应和稳定性，研究了弹性参数、黏弹性参数、轴向运动速度和几何非线性等对频率和振幅的影响。陈立群研究了黏弹性轴向变速运动弦的稳态响应及其稳定性，对轴向运动弦的响应的研究及其控制进行完全评论，综述了轴向运动弦线及梁的能量关系及守恒量的研究进展。李群宏讨论了一类单自由度非线性传送带系统分岔行为，揭示了非线性传送带系统的复杂动力学现象。张伟研究了黏弹性传动带 1:3 内共振和参数激励传动带的分岔特性和混沌动力学行为。

　　本章研究传送带系统主参数共振、1/2 主参数主共振、参强联合共振，并分析了带的横截面面积、谐调值、黏弹性参数、轴向运动速度等参数对系统的影响，并达到控制振动的目的。

3.1　传送带系统主参数共振分析

3.1.1　运动方程

设两个刚性轮由具有非线性材质的皮带连接，关于传送带系统的结构简图，如图3-1所示。由图3-1可知主动轮半径为 r_1，从动轮半径为 r_2。研究密度为 ρ，横截面面积为 A，初张力为 P_0，横向位移为 $V(x, t)$，轴向运动速度为时间 t 的已知函数 $c(t)$ 的运动带。基于 Coriolis 加速度和 Lagrangian 应力公式，利用 Newton 第二定律仅考虑 y 方向的横向振动，可导出运动带的横向运动方程

$$\left(\frac{P_0}{A} + \tilde{\sigma}\right)V_{xx} + V_x \tilde{\sigma}_x = \rho\left(\frac{\partial^2 V}{\partial t^2} + 2c\frac{\partial^2 V}{\partial x \partial t} + c^2\frac{\partial^2 V}{\partial x^2} + \frac{\mathrm{d}c}{\mathrm{d}t}\frac{\partial V}{\partial x}\right) \tag{3-1}$$

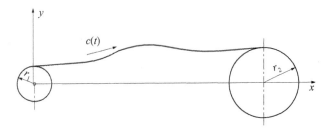

图3-1　力学模型

式中，V_x，V 为对 x，t 的偏导数；$\tilde{\sigma}$ 为应力。

系统的齐次边界条件为

$$V(0, t) = 0, \qquad V(L, t) = 0 \tag{3-2}$$

由一维线性微分黏弹性构成规律可得

$$\tilde{\sigma}(t) = E^* \tilde{\varepsilon}(t) \tag{3-3}$$

其中，E^* 是线性微分算子，由传送带材料的黏弹性特性决定。应用线性微分黏弹性构成规律，方程式(3-3)考虑 Lagrangian 应变成分，应力为

$$\tilde{\sigma}(t) = E^*\left(\frac{1}{2}V_x^2\right) \tag{3-4}$$

将方程式(3-4)代入方程式(3-1)得

$$\rho\frac{\partial^2 V}{\partial t^2} + 2\rho c\frac{\partial^2 V}{\partial x \partial t} + \left(\rho c^2 - \frac{P_0}{A}\right)\frac{\partial^2 V}{\partial x^2} + \rho\frac{\mathrm{d}c}{\mathrm{d}t}\frac{\partial v}{\partial x} = V_{xx}E^*\left(\frac{1}{2}V_x^2\right) + V_x\left\{E^*\left(\frac{1}{2}V_x^2\right)\right\}_x$$

$$\tag{3-5}$$

设轴向运动速度为平均速度与小简谐波的叠加，则

$$c(t) = c_0 + c_1 \cos(\Omega t) \tag{3-6}$$

将式(3-6)代入式(3-5)，并将所得结果变换为无量纲形式，得到

$$\frac{\partial^2 v}{\partial \tau^2} + 2\left[\gamma_0 + \gamma_1 \cos(\omega\tau)\right]\frac{\partial^2 v}{\partial \tau \partial \xi} + \left[\gamma_0^2 + \frac{\gamma_1^2}{2} + 2\gamma_0\gamma_1\cos(\omega\tau) + \frac{\gamma_1^2}{2}\cos(2\omega\tau) - 1\right]$$

$$\frac{\partial^2 v}{\partial \xi^2} - \omega\gamma_1\sin(\omega\tau)\frac{\partial v}{\partial \xi} = N(v) \tag{3-7}$$

其中，$v = \dfrac{V}{L}$，$\xi = \dfrac{x}{L}$，$\tau = t\left(\dfrac{P_0}{\rho A L^2}\right)^{\frac{1}{2}}$，$\gamma_0 = c_0\left(\dfrac{\rho A}{P_0}\right)^{\frac{1}{2}}$，$\gamma_1 = c_1\left(\dfrac{\rho A}{P_0}\right)^{\frac{1}{2}}$，

$\omega = \Omega\left(\dfrac{\rho A L^2}{P_0}\right)^{\frac{1}{2}}$，$E = \dfrac{E^* A}{P_0}$。 $\tag{3-8}$

非线性算子 $N(v)$ 定义为

$$N(v) = E\left(\frac{1}{2}v_\xi^2\right)v_{\xi\xi} + v_\xi\left\{E\left(\frac{1}{2}v_\xi^2\right)\right\}_\xi \tag{3-9}$$

式(3-9)是黏弹性模型有效运动的归纳方程。最普遍的是使用 Kelvin 黏弹性模型，本书运用带材料的黏弹性性质。Kelvin 黏弹性模型相应的线性无量纲微分算子 E 是

$$E = E_e + E_v\frac{\partial}{\partial \tau} \tag{3-10}$$

其中

$$E_e = \frac{E_0 A}{P_0} \tag{3-11}$$

$$E_v = \eta\sqrt{\frac{A}{\rho P_0 L^2}} \tag{3-12}$$

式中，E_0 为带的弹性模量；η 为阻尼器的动态黏滞度。

将式(3-10)代入式(3-9)，通过偏微分的推导，Kelvin 黏弹性模型的非线性算子 $N(v)$ 变为

$$N(v) = \frac{3}{2}E_e v_\xi^2 v_{\xi\xi} + E_v\frac{\partial}{\partial \tau}\left(\frac{1}{2}v_\xi^2\right)v_{\xi\xi} + v_\xi E_v\frac{\partial}{\partial \tau}(v_\xi v_{\xi\xi}) \tag{3-13}$$

其中，式(3-13)右边的第一项是关于弹性的非线性项，后边的两项是关于黏弹性的非线性项。

引入下列质量、陀螺和刚度算子

$$M = I,\ \ G = 2\gamma_0\frac{\partial}{\partial \xi},\ \ K = (\gamma_0^2 - 1)\frac{\partial^2}{\partial \xi^2} \tag{3-14}$$

其中，算子 M 和 K 在亚临界轴向速度下为对称正定，表示 Coriolis 加速度分量

算子 G 为反对称。因此，将式 (3-7) 改写为标准的形式，即

$$Mv_{\xi\xi} + Gv_{\xi} + Kv = N(v) - 2\gamma_1\cos(\omega\tau)\frac{\partial^2 v}{\partial\tau\partial\xi} -$$

$$\left[\frac{\gamma_1^2}{2} + 2\gamma_0\gamma_1\cos(\omega\tau) + \frac{\gamma_1^2}{2}\cos(2\omega\tau)\right]\frac{\partial^2 v}{\partial\xi^2} + \omega\gamma_1\sin(\omega\tau)\frac{\partial v}{\partial\xi} \quad (3\text{-}15)$$

3.1.2　主参数共振分析

引入小无量纲参数 ε，将式 (3-15) 改写为带弱非线性项和弱参数激励项的连续陀螺系统，即

$$Mv_{\xi\xi} + Gv_{\xi} + Kv = \varepsilon\left\{N(v) - 2\delta\gamma_0\cos(\omega\tau)\frac{\partial^2 v}{\partial\tau\partial\xi} -\right.$$

$$\left.\frac{\delta\gamma_0^2}{2}[\delta + 4\cos(\omega\tau) + \delta\cos(2\omega\tau)]\frac{\partial^2 v}{\partial\xi^2} + \delta\gamma_0\omega\sin(\omega\tau)\frac{\partial v}{\partial\xi}\right\} \quad (3\text{-}16)$$

其中，$\varepsilon\delta = \gamma_1/\gamma_0$。

多尺度法将直接应用于式 (3-16)，所求的一阶近似解为

$$v(\xi, \tau, \varepsilon) = v_0(\xi, T_0, T_1) + \varepsilon v_1(\xi, T_0, T_1) + \cdots \quad (3\text{-}17)$$

其中，快尺度 $T_0 = \tau$，画接近 ω 或 ω_k（相应未受摄动线性系统的一个固有频率）；慢尺度 $T_1 = \varepsilon\tau$，画由于非线性和可能的共振导致的幅值和相位调制。

利用偏微分规则，时间派生项为

$$\frac{\partial}{\partial\tau} = \frac{\partial}{\partial T_0} + \varepsilon\frac{\partial}{\partial T_1} + \cdots \quad (3\text{-}18)$$

将式 (3-17) 代入式 (3-16)，比较 ε 同次幂系数得到

$$M\frac{\partial^2 v_0}{\partial T_0^2} + G\frac{\partial v_0}{\partial T_0} + Kv_0 = 0 \quad (3\text{-}19)$$

$$M\frac{\partial^2 v_1}{\partial T_0^2} + G\frac{\partial v_1}{\partial T_0} + Kv_1 = -2M\frac{\partial^2 v_0}{\partial T_0\partial T_1} - G\frac{\partial v_0}{\partial T_1} + N(v_0) -$$

$$2\delta\gamma_0\cos(\omega\tau)\frac{\partial^2 v_0}{\partial T_0\partial\xi} - \frac{\delta\gamma_0^2}{2}[\delta + 4\cos(\omega\tau) + \delta\cos(2\omega\tau)]\frac{\partial^2 v_0}{\partial\xi^2} + \delta\gamma_0\omega\sin(\omega\tau)\frac{\partial v_0}{\partial\xi}$$

$$(3\text{-}20)$$

方程式 (3-20) 的右边所有激励分量都按 v_0 求得。

方程式 (3-19) 的解为

$$v_0 = \psi_k(\xi)A_k(T_1)\mathrm{e}^{i\omega_k T_0} + \bar{\psi}_k(\xi)\bar{A}_k(T_1)\mathrm{e}^{-i\omega_k T_0} \quad (3\text{-}21)$$

其中，ω_k 为第 k 阶固有频率；ψ_k 为第 k 阶本征函数。对线性运动带 ω_k 和

ψ_k 为

$$\omega_k = k\pi(1-\gamma) \tag{3-22}$$

$$\psi_k = \sqrt{2}\sin(k\pi\xi)\,e^{ik\pi\xi} \tag{3-23}$$

若涨落频率接近于系统某固有频率，可能出现共振。以下重点讨论主参数共振问题，引入主参数调谐参数 σ，由下式确定

$$\omega = \omega_k + \varepsilon\sigma, \qquad \sigma = o(1) \tag{3-24}$$

将式（3-21）和式（3-24）代入式（3-20），可得

$$M\frac{\partial^2 v_1}{\partial T_0^2} + G\frac{\partial v_1}{\partial T_0} + Kv_1 = NST - 2Mi\omega_k\psi_k\frac{\partial A_k}{\partial T_1}e^{i\omega_k T_0} - G\psi_k\frac{\partial A_k}{\partial T_1}e^{i\omega_k T_0} +$$

$$M_{2k}(3E_e + 2i\omega_k E_v)A_k^2\overline{A}_k e^{i\omega_k T_0} - \frac{\delta^2\gamma_0^2}{2}\psi_k''A_k e^{i\omega_k T_0} - \frac{\delta^2\gamma_0^2}{4}\overline{\psi}_k''\overline{A}_k e^{i(\omega_k + 2\varepsilon\sigma)T_0} + cc \tag{3-25}$$

其中，M_{2k} 是非线性算子，可定义为

$$M_{2k} = \frac{1}{2}\left[\left(\frac{\partial\psi_k}{\partial\xi}\right)^2\frac{\partial^2\overline{\psi}_k}{\partial\xi^2} + 2\frac{\partial\psi_k}{\partial\xi}\frac{\partial\overline{\psi}_k}{\partial\xi}\frac{\partial^2\psi_k}{\partial\xi^2}\right] \tag{3-26}$$

而 NST 表示不会产生永年项的各项。

仅当可解条件成立时，方程式（3-25）有有界解，得消除永年项的条件为

$$-2i\omega_k m_k A_k' - g_k A_k' + m_{2k}(3E_e + 2i\omega_k E_v)A_k^2\overline{A}_k - \frac{\delta^2\gamma_0^2}{2}l_k A_k - \frac{\delta^2\gamma_0^2}{4}h_k\overline{A}_k e^{i2\varepsilon\sigma T_0} = 0 \tag{3-27}$$

其中

$$\left.\begin{array}{l} m_k = \langle M\psi_k,\ \psi_k\rangle \\[4pt] g_k = \langle G\psi_k,\ \psi_k\rangle \\[4pt] m_{2k} = \langle M_{2k},\ \psi_k\rangle \\[4pt] l_k = \langle \psi_k'',\ \psi_k\rangle \\[4pt] h_k = \langle \overline{\psi}_k'',\ \psi_k\rangle \end{array}\right\} \tag{3-28}$$

而内积的定义为

$$\langle\psi_n,\psi_m\rangle = \int_0^l \psi_n\overline{\psi}_m\,\mathrm{d}\xi \tag{3-29}$$

将式（3-28）代入式（3-29），可得

$$m_k = \langle M\psi_k,\ \psi_k\rangle = 1$$

$$g_k = \langle G\psi_k,\ \psi_k\rangle = 2ik\pi\gamma_0^2$$

$$m_{2k} = \langle M_{2k}, \psi_k \rangle = -\frac{1}{4}k^4\pi^4\left(3 + 2\gamma_0^2 + 4\gamma_0^4\right)$$

$$l_k = \langle \psi_k'', \psi_k \rangle = -k^2\pi^2\left(1 + \gamma_0^2\right)$$

$$h_k = \langle \overline{\psi}_k'', \psi_k \rangle = \frac{ik\pi}{2\gamma_0}\left(1 - e^{-2ik\pi\gamma_0}\right) \tag{3-30}$$

令

$$A_k(T_1) = \frac{a_k(T_1)}{2}e^{j\beta}, \qquad \overline{A}_k(T_1) = \frac{a_k(T_1)}{2}e^{-j\beta} \tag{3-31}$$

将式(3-30)的 m_k、g_k、l_k、h_k 和式(3-31)代入式(3-27)，分离实虚部，令 $\varphi_k = \sigma T_1 - \beta_k$，进一步确定系统主参数共振一次近似解的振幅 a_k 和相位 φ_k 应满足的微分方程。

$$\left. \begin{aligned} a_k' &= C_1 a_k^3 + C_2 a_k \cos(2\varphi_k) + C_3 a_k \sin(2\varphi_k) \\ a_k\varphi_k' &= \sigma a_k + C_4 a_k^3 + C_5 a_k + C_3 a_k \cos(2\varphi_k) - C_2 a_k \sin(2\varphi_k) \end{aligned} \right\} \tag{3-32}$$

其中

$$\left. \begin{aligned} C_1 &= \frac{(1 - \gamma_0^2)E_v m_{2k}}{4} \\ C_2 &= -\frac{\delta\gamma_0^2}{16}\left[1 - \cos(2k\pi\gamma_0)\right] \\ C_3 &= \frac{\delta\gamma_0^2}{16}\sin(2k\pi\gamma_0) \\ C_4 &= \frac{3E_e m_{2k}}{8k\pi} \\ C_5 &= \frac{\delta^2\gamma_0^2 k\pi}{4}\left(1 + \gamma_0^2\right) \end{aligned} \right\} \tag{3-33}$$

为确定系统对应主参数共振稳态运动定常解，令 $D_1 a_k = 0$、$D_1\varphi_k = 0$，得到主参数共振的振幅 a_k 和相位 φ_k 应满足的代数方程。

$$\left. \begin{aligned} -C_1 a_k^3 &= C_2 a_k \cos(2\varphi_k) + C_3 a_k \sin(2\varphi_k) \\ -(\sigma a_k + C_4 a_k^3 + C_5 a_k) &= C_3 a_k \cos(2\varphi_k) - C_2 a_k \sin(2\varphi_k) \end{aligned} \right\} \tag{3-34}$$

式(3-34)中的两式平方后相加消去 φ_k，得到振幅 a_k 与调谐参数 σ 之间的关系

$$\left. \begin{aligned} a_k &= 0 \\ (C_1^2 + C_4^2)a_k^4 + 2C_4(\sigma + C_5)a_k^2 + (C_5 + \sigma)^2 - (C_2^2 + C_3^2) &= 0 \end{aligned} \right\} \tag{3-35}$$

式(3-35)称为系统主参数共振定常解幅频响应方程。

分析式(3-35)得到不同形式的解：

(1) 当 $(C_5 + \sigma)^2 < (C_2^2 + C_3^2)$ 时为

$$\left.\begin{array}{l} a_{k1} = 0 \\[2mm] a_{k2,3} = \sqrt{\dfrac{-C_4(\sigma + C_5) + \sqrt{(C_1^2 + C_4^2)(C_2^2 + C_3^2) - C_1^2(C_5 + \sigma)^2}}{C_1^2 + C_4^2}} \end{array}\right\} \quad (3\text{-}36)$$

(2) 当 $(C_5 + \sigma)^2 > (C_2^2 + C_3^2)$，$(C_5 + \sigma)^2 < (1 + \dfrac{C_4^2}{C_1^2})(C_2^2 + C_3^2)$，$\sigma > 0$ 时为

$$\left.\begin{array}{l} a_{k1} = 0 \\[2mm] a_{k2,3} = \sqrt{\dfrac{-C_4(\sigma + C_5) + \sqrt{(C_1^2 + C_4^2)(C_2^2 + C_3^2) - C_1^2(C_5 + \sigma)^2}}{C_1^2 + C_4^2}} \\[4mm] a_{k4,5} = \sqrt{\dfrac{-C_4(\sigma + C_5) - \sqrt{(C_1^2 + C_4^2)(C_2^2 + C_3^2) - C_1^2(C_5 + \sigma)^2}}{C_1^2 + C_4^2}} \end{array}\right\} \quad (3\text{-}37)$$

(3) 在其他区域只有 $a_k = 0$。

系统的一次近似解为

$$v(t) = a_k \cos(\tau + \varphi_k) \qquad (3\text{-}38)$$

3.1.3　定常解的稳定性分析

先讨论平凡解的稳定性。将式(3-27)中的非线性项略去，得到

$$A_k' - \frac{i\delta^2 \gamma_0^2 k\pi}{4}(1 + \gamma_0^2)A_k - \frac{i\delta^2 \gamma_0^2}{16}(1 - e^{-2ik\pi\gamma_0})\bar{A}_k e^{2i\sigma T_1} = 0 \qquad (3\text{-}39)$$

为将式(3-32)变换为常系数方程，引入变换

$$A_k = (a_r + ia_i)e^{\beta T_1 + i\sigma T_1} \qquad (3\text{-}40)$$

将式(3-40)代入式(3-39)，并在所得方程中分离实部和虚部，令 $a_r' = 0$，$a_i' = 0$，可得到

$$\left.\begin{array}{l} \left(\beta - \dfrac{\delta^2 \gamma_0}{16}(1 - \cos(2k\pi\gamma_0))\right)a_r + \left(C_5 - \sigma - \dfrac{\delta^2 \gamma_0}{16}\sin(2k\pi\gamma_0)\right)a_i = 0 \\[4mm] \left(\sigma - C_5 - \dfrac{\delta^2 \gamma_0}{16}\sin(2k\pi\gamma_0)\right)a_r + \left(\beta + \dfrac{\delta^2 \gamma_0}{16}(1 - \cos(2k\pi\gamma_0))\right)a_i = 0 \end{array}\right\}$$

$$(3\text{-}41)$$

受扰动的平凡解为非平凡解，故式(3-41)的系数行列式为零，即

$$\beta^2 - \frac{\delta^4\gamma_0^2}{64}\sin^2(k\pi\gamma_0) + (\sigma - C_5)^2 = 0 \tag{3-42}$$

若条件

$$\frac{\delta^4\gamma_0^2}{64}\sin^2(k\pi\gamma_0) - (\sigma - C_5)^2 > 0 \tag{3-43}$$

成立，β 有正实部。由式(3-40)可知，在此条件下式(3-39)的零解不稳定。Li-apunov 线性化稳定性表明原非线性系统的不稳定性与相应线性系统相同，故当

$$-\frac{\delta^2\gamma_0}{8}|\sin(k\pi\gamma_0)| + C_5 < \sigma < \frac{\delta^2\gamma_0}{8}|\sin(k\pi\gamma_0)| + C_5 \tag{3-44}$$

时，主参数共振的平凡解不稳定。

　　图 3-2 和图 3-3 是调谐值 σ 和参数 δ 的关系图，当 $\gamma_0 = 0.2$、$\gamma_0 = 0.9$ 时参数共振平凡解的不稳定区域。

　　图 3-4 和图 3-5 是调谐值 σ 和参数 γ_0 的关系图，当 $\delta = 0.2$、$\delta = 0.9$ 时参数共振平凡解的不稳定区域。

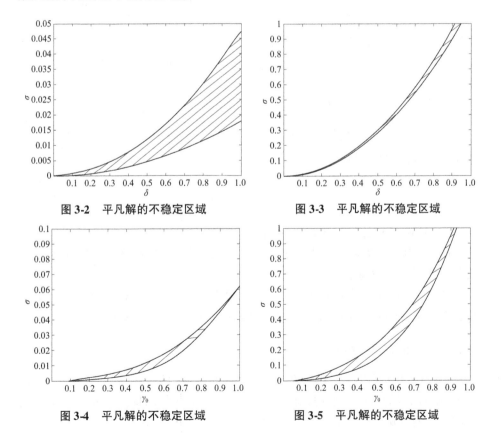

图 3-2　平凡解的不稳定区域　　　　　图 3-3　平凡解的不稳定区域

图 3-4　平凡解的不稳定区域　　　　　图 3-5　平凡解的不稳定区域

再讨论非平凡解的稳定性。线性化方程式(3-32)，将其在(a_k, φ_k)处线性化，形成关于扰动量Δa_k和$\Delta \varphi_k$的自治微分方程

$$\Delta a_k' = [3C_1 a_k^2 + C_2 \cos(2\varphi_k) + C_3 \sin(2\varphi_k)]\Delta a_k + 2[C_3 a_k \cos(2\varphi_k) - C_2 a_k \sin(2\varphi_k)]\Delta \varphi_k$$

$$\Delta \varphi_k' = 2C_4 a_k \Delta a_k - 2[C_2 \cos(2\varphi_k) + C_3 \sin(2\varphi_k)]\Delta \varphi_k$$

$$(3\text{-}45)$$

利用式(3-34)消去以上两式中的φ_k，得到

$$\left.\begin{aligned} \Delta a_k' &= 2C_1 a_k^2 \Delta a_k - 2(\sigma a_k + C_4 a_k^3 + C_5 a_k)\Delta \varphi_k \\ \Delta \varphi_k' &= 2C_4 a_k \Delta a_k + 2C_1 a_k^2 \Delta \varphi_k \end{aligned}\right\} \quad (3\text{-}46)$$

得到式(3-46)的 Jacobi 矩阵

$$J = \begin{pmatrix} 2C_1 a_k^2 & -2(\sigma a_k + C_4 a_k^3 + C_5 a_k) \\ 2C_4 a_k & 2C_1 a_k^2 \end{pmatrix} \quad (3\text{-}47)$$

根据 Liapunov 线性化稳定性理论，非平凡解的稳定性由矩阵J的特征值确定。如果特征值具有负实部，则稳态解稳定。而至少有一个特征值实部为正，则稳态解不稳定。矩阵J的特征方程为

$$\lambda^2 - 4C_1 a_k^2 \lambda + 4(C_1^2 + C_4^2)a_k^4 + 4C_4(\sigma + C_5)a_k^2 = 0 \quad (3\text{-}48)$$

非零解的稳定条件为

$$\left.\begin{aligned} & C_1 < 0 \\ & 4a_k^2[(C_1^2 + C_4^2)a_k^2 + 4C_4(\sigma + C_5)] > 0 \end{aligned}\right\} \quad (3\text{-}49)$$

将a_k代入式(3-49)可得

$$\left.\begin{aligned} & C_1 < 0 \\ & (C_1^2 + C_4^2)(C_2^2 + C_3^2) > C_1^2(C_5 + \sigma)^2 \end{aligned}\right\} \quad (3\text{-}50)$$

其中，式(3-50)的系数由式(3-33)确定。

图 3-6 和图 3-7 是调谐值σ和参数γ_0的关系图，当$\delta = 0.2$、$\delta = 0.9$时参数共振非平凡解的稳定区域。

图 3-8 和图 3-9 是调谐值σ和参数δ的关系图，当$\gamma_0 = 0.2$、$\gamma_0 = 0.9$时参数共振非平凡解的稳定区域。在计算中$k = 1$，$E_e = 400$，$E_v = 25$。

3.1.4 数值结果分析

由式(3-35)可以计算系统的主参数共振的响应曲线，分析不同参数σ、δ、γ_0对响应曲线的影响。平均轴向运动速度、速度变化的幅值和频率等对稳态响应幅值的影响，分别见图 3-10 ~ 图 3-12。

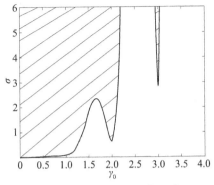

图 3-6　非平凡解的稳定区域

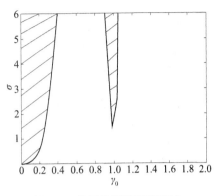

图 3-7　非平凡解的稳定区域

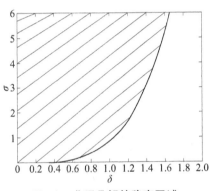

图 3-8　非平凡解的稳定区域

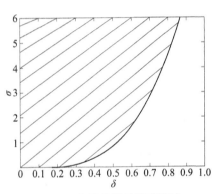

图 3-9　非平凡解的稳定区域

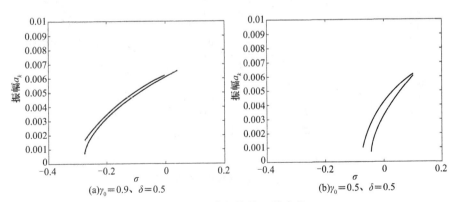

(a)$\gamma_0=0.9$、$\delta=0.5$　　　　　(b)$\gamma_0=0.5$、$\delta=0.5$

图 3-10　响应幅值随 σ 的变化

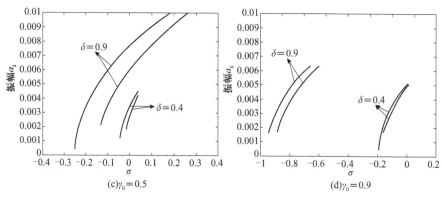

(c)$\gamma_0 = 0.5$　　　　　　　(d)$\gamma_0 = 0.9$

续图 **3-10**

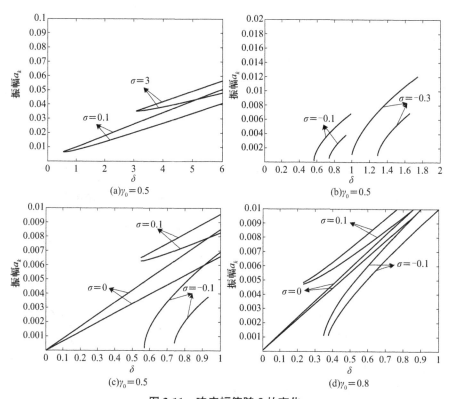

(a)$\gamma_0 = 0.5$　　　　　　　(b)$\gamma_0 = 0.5$

(c)$\gamma_0 = 0.5$　　　　　　　(d)$\gamma_0 = 0.8$

图 **3-11**　响应幅值随 δ 的变化

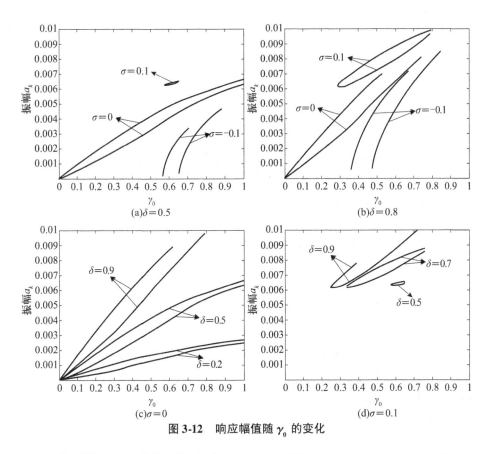

图 3-12　响应幅值随 γ_0 的变化

　　在分别将无量纲化的平均轴向运动速度固定为 $\gamma_0 = 0.9$、$\gamma_0 = 0.5$ 和 $\delta = 0.5$ 时，稳态响应的幅值和存在边界随调谐参数 σ 的变化如图 3-10(a)、(b) 所示。在将无量纲化的平均轴向运动速度固定为 $\gamma_0 = 0.5$ 时，稳态响应的幅值和存在边界随调谐参数 σ 的变化如图 3-10(c)所示，增大 δ 时，响应幅值增大，两分支解之间的区域变大。在将无量纲化的平均轴向运动速度固定为 $\gamma_0 = 0.9$ 时，稳态响应的幅值和存在边界随调谐参数 σ 的变化如图 3-10(d)所示，增大 δ 时，两分支解之间的区域变大。响应幅值随调谐参数 σ 的增加而增大。

　　在将无量纲化的平均轴向运动速度固定为 $\gamma_0 = 0.5$ 时，稳态响应的幅值和存在边界随无量纲化的平均轴向运动速度变化幅值 δ 的变化如图 3-11(a)、(b) 所示。平均轴向运动速度变化幅值不仅影响非平凡稳态响应的幅值，而且影响其存在区域。随着 δ 的增大，稳态响应的幅值也不断增大。如图 3-11(a) 所示，$\sigma > 0$ 时，当 σ 增大时，稳态响应的幅值也增大；如图 3-11(b) 所示，$\sigma < 0$ 时，当 σ 减小时，稳态响应的幅值也增大。如图 3-11(c)、(d)所示，无量纲化的平均轴向运动速度分别为 $\gamma_0 = 0.5$ 和 $\gamma_0 = 0.8$，比较两图可知，当 γ_0

变大时两分支解之间的区域变小了；当 σ 相等时，稳态响应的幅值变大了；稳态响应的幅值的增大也变快了。

在将无量纲化的速度变化幅值固定为 $\delta = 0.5$、$\delta = 0.8$ 时，稳态响应的幅值和存在边界随无量纲化的平均轴向运动速度 γ_0 的变化如图 3-12(a)、(b)所示。当 σ 增大时，稳态响应的幅值也增大；当 δ 增大时，由两图比较可得，两分支解之间的区域变大了，相应 γ_0 值比较稳态响应的幅值也增大了。无量纲化的平均轴向运动速度不仅影响非平凡稳态响应的幅值，而且影响其存在区域。如图 3-12(c)、(d)所示，分别固定 $\sigma = 0$ 和 $\sigma = 0.1$，随无量纲化的平均轴向运动速度变化幅值 δ 的增大，稳态响应的幅值也增大。当 σ 增大时，其存在区域减小了。

由图 3-10~图 3-12 可知，调谐参数 σ、无量纲化的平均轴向速度 γ_0 和平均轴向运动速度变化幅值 δ 不仅影响非平凡稳态响应的幅值，而且影响其存在区域。随着 γ_0 和 δ 的增大，稳态响应的幅值也增大了。

参数取值：$E_0 = 200$ MPa，$d_1 = 125$ mm，$d_2 = 280$ mm，$L = 677.4$ mm，$P_0 = 160$ N，$k = 1$，$c_0 = 20$ m/s，$\eta = 1$，$\rho = 1\ 235$ kg/m^3。

图 3-13 是振幅皮带横截面面积响应曲线，$\sigma = -0.1$、$\sigma = 0$、$\sigma = 0.1$ 时随着皮带横截面面积的增大，振幅越来越小，最后趋近一个比较接近的值，还存在跳跃现象。当调谐参数 σ 增加时，振幅也相应变大了。当 $\sigma = 0$ 时，在皮带横截面面积接近零时，两分支解之间的区域最大。随着 $c_1 = 3$ 变化为 $c_1 = 5$，振幅也随着增大，最终的趋近值也变大了。

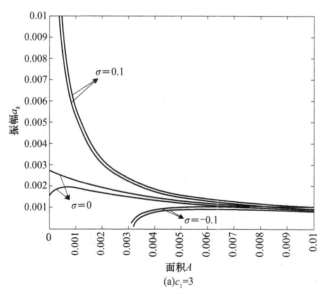

图 3-13　振幅皮带横截面面积响应曲线

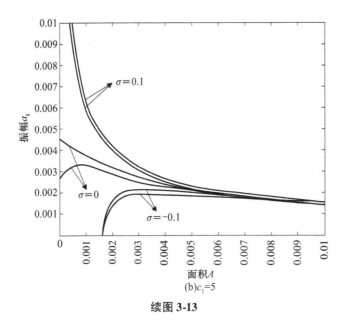

续图 3-13

由此可知调谐参数 σ、无量纲化的平均轴向速度 γ_0 和平均轴向运动速度变化幅值 δ 不仅影响非平凡稳态响应的幅值，而且影响其存在区域。随着 γ_0 和 δ 的增大，稳态响应的幅值也增大了。在主参数共振分析还得到黏弹性不仅减小了振动，而且移动了稳定边界条件。参见文献[2]。

3.2　传送带系统 1/2 主参数主共振分析

由图 3-1 的传动带的力学模型，建立带弱非线性项的黏弹性传动带系统微分方程

$$Mv_{\xi\xi} + Gv_{\xi} + Kv = \varepsilon\Big\{N(v) - 2\delta\gamma_0\cos(\omega\tau)\frac{\partial^2 v}{\partial\tau\partial\xi} -$$

$$\frac{\delta\gamma_0^2}{2}[\delta + 4\cos(\omega\tau) + \delta\cos(2\omega\tau)]\frac{\partial^2 v}{\partial\xi^2} + \delta\gamma_0\omega\sin(\omega\tau)\frac{\partial v}{\partial\xi}\Big\} \qquad (3\text{-}51)$$

多尺度法将直接应用于式(3-51)，所求的一阶近似解为

$$v(\xi, \tau, \varepsilon) = v_0(\xi, T_0, T_1) + \varepsilon v_1(\xi, T_0, T_1) + \cdots \qquad (3\text{-}52)$$

其中，快尺度 $T_0 = \tau$，慢尺度 $T_1 = \varepsilon\tau$。

将一阶近似解(3-52)代入式(3-51)，比较 ε 同次幂系数得到的解为

$$v_0 = \psi_k(\xi)A_k(T_1)\mathrm{e}^{i\omega_k T_0} + \overline{\psi}_k(\xi)\overline{A}_k(T_1)\mathrm{e}^{-i\omega_k T_0} \qquad (3\text{-}53)$$

式中，ω_k 为第 k 阶固有频率；ψ_k 为第 k 阶本征函数；线性运动带 $\omega_k = k\pi$

$(1 - \gamma)$，$\psi_k = \sqrt{2}\sin(k\pi\xi)\,e^{ik\pi\xi}$。

讨论 1/2 次亚谐—主参数共振问题，引入主参数调谐参数 σ，由下式确定

$$\omega = 2\omega_k + \varepsilon\sigma, \qquad \sigma = o(1) \tag{3-54}$$

进一步推导可得

$$M\frac{\partial^2 v_1}{\partial T_0^2} + G\frac{\partial v_1}{\partial T_0} + Kv_1 = NST - 2Mi\omega_k\psi_k\frac{\partial A_k}{\partial T_1}e^{i\omega_k T_0} - G\psi_k\frac{\partial A_k}{\partial T_1}e^{i\omega_k T_0} +$$

$$M_{2k}(3E_e + 2i\omega_k E_v)A_k^2\overline{A}_k e^{i\omega_k T_0} - \frac{\delta^2\gamma_0^2}{2}\psi_k'' A_k e^{i\omega_k T_0} - \delta\gamma_0^2\overline{\psi}_k'' A_k e^{i(\omega_k + \varepsilon\sigma)T_0} -$$

$$\frac{i\delta\gamma}{2}(2\omega_k + \sigma)\overline{\psi}_k'\overline{A}_k e^{i(\omega_k + \varepsilon\sigma)T_0} + \delta\gamma_0^2 i\omega_k\overline{\psi}_k'\overline{A}_k e^{i(\omega_k + \varepsilon\sigma)T_0} + cc \tag{3-55}$$

其中，M_{2k} 是非线性算子，可定义为

$$M_{2k} = \frac{1}{2}\left[\left(\frac{\partial\psi_k}{\partial\xi}\right)^2\frac{\partial^2\overline{\psi}_k}{\partial\xi^2} + 2\frac{\partial\psi_k}{\partial\xi}\frac{\partial\overline{\psi}_k}{\partial\xi}\frac{\partial^2\psi_k}{\partial\xi^2}\right] \tag{3-56}$$

而 NST 表示不会产生永年项的各项。

仅当可解条件成立时，方程式 (3-55) 有界解，得消除永年项的条件为

$$-2i\omega_k m_k A_k' - g_k A_k' + m_{2k}(3E_e + 2i\omega_k E_v)A_k^2\overline{A}_k - \frac{\delta^2\gamma_0^2}{2}l_k A_k -$$

$$\delta\gamma_0^2 h_k\overline{A}_k e^{i\varepsilon\sigma T_0} - \left(\omega_k + \frac{\sigma}{2} - \gamma_0\omega_k\right)i\delta\gamma_0 n_k\overline{A}_k e^{i\varepsilon\sigma T_0} = 0 \tag{3-57}$$

其中

$$\left.\begin{aligned}
m_k &= \langle M\psi_k,\ \psi_k \rangle \\
g_k &= \langle G\psi_k,\ \psi_k \rangle \\
m_{2k} &= \langle M_{2k},\ \psi_k \rangle \\
l_k &= \langle \psi_k'',\ \psi_k \rangle \\
h_k &= \langle \overline{\psi}_k'',\ \psi_k \rangle \\
n_k &= \langle \overline{\psi}_k',\ \psi_k \rangle
\end{aligned}\right\} \tag{3-58}$$

而内积的定义为

$$\langle \psi_n, \psi_m \rangle = \int_0^l \psi_n\overline{\psi}_m\,d\xi \tag{3-59}$$

将式 (3-58) 代入式 (3-59)，可得

$$m_k = \langle M\psi_k, \ \psi_k \rangle = 1$$

$$g_k = \langle G\psi_k, \ \psi_k \rangle = 2ik\pi\gamma_0^2$$

$$n_k = \langle \overline{\psi}_k', \ \psi_k \rangle \ m_{2k} = \langle M_{2k}, \ \psi_k \rangle = -\frac{1}{4}k^4\pi^4\left(3 + 2\gamma_0^2 + 4\gamma_0^4\right)$$

$$l_k = \langle \psi_k'', \ \psi_k \rangle = -k^2\pi^2\left(1 + \gamma_0^2\right)$$

$$h_k = \langle \overline{\psi}_k'', \ \psi_k \rangle = \frac{ik\pi}{2\gamma_0}\left(1 - e^{-2ik\pi\gamma_0}\right)$$

(3-60)

将式(3-60)的 m_k、g_k、l_k、h_k 和 n_k 代入式(3-57)得

$$A_k' + \frac{m_{2k}\left(3iE_e - 2\omega_k E_v\right)}{2k\pi}A_k^2\overline{A}_k - \frac{i\delta^2\gamma_0^2 k\pi}{4}\left(1 + \gamma_0^2\right)A_k - \frac{\delta\gamma_0}{4}\left(1 - e^{-2ik\pi\gamma_0}\right)\overline{A}_k e^{i\sigma T_1} = 0$$

(3-61)

令

$$A_k(T_1) = \frac{a_k(T_1)}{2}e^{i\beta}, \qquad \overline{A}_k(T_1) = \frac{a_k(T_1)}{2}e^{-i\beta}$$

(3-62)

将式(3-62)代入式(3-61)，得到下列极坐标形式的方程

$$a_k' = \frac{\left(1 - \gamma_0^2\right)E_v m_{2k}}{4}a_k^3 - \frac{\delta\gamma_0}{4}a_k\left[1 - \cos\left(2k\pi\gamma_0\right)\cos\left(\sigma T_1 - 2\beta_k\right) - \right.$$

$$\left. \sin\left(2k\pi\gamma_0\right)\sin\left(\sigma T_1 - 2\beta_k\right)\right]$$

$$a_k\beta_k' = -\frac{3E_e m_{2k}}{8k\pi}a_k^3 - \frac{\delta\gamma_0}{4}a_k\left[\sin\left(2k\pi\gamma_0\right)\cos\left(\sigma T_1 - 2\beta_k\right) + \right.$$

$$\left. \left(1 - \cos\left(2k\pi\gamma_0\right)\right)\sin\left(\sigma T_1 - 2\beta_k\right)\right] - \frac{\delta^2\gamma_0^2 k\pi}{4}\left(1 + \gamma_0^2\right)a_k$$

(3-63)

令 $\varphi_k = \sigma T_1 - 2\beta_k$，式(3-63)变为

$$a_k' = \frac{\left(1 - \gamma_0^2\right)E_v m_{2k}}{4}a_k^3 - \frac{\delta\gamma_0}{4}a_k\left[1 - \cos\left(2k\pi\gamma_0\right)\cos\left(\varphi_k\right) - \sin\left(2k\pi\gamma_0\right)\sin\left(\varphi_k\right)\right]$$

$$a_k\varphi_k' = \sigma a_k - \frac{3E_e m_{2k}}{4k\pi}a_k^3 + \frac{\delta^2\gamma_0^2 k\pi}{2}\left(1 + \gamma_0^2\right)a_k + \frac{\delta\gamma_0}{2}a_k\left[\sin\left(2k\pi\gamma_0\right)\cos\left(\varphi_k\right) + \right.$$

$$\left. \left(1 - \cos\left(2k\pi\gamma_0\right)\right)\sin\left(\varphi_k\right)\right]$$

(3-64)

黏弹性传动带系统 1/2 次亚谐—主参数共振一次近似解的振幅 a_k 和相位 φ_k 应满足的微分方程。

$$
\left.\begin{aligned}
a_k' &= C_1 a_k^3 - \frac{\delta\gamma_0}{4} a_k [R_1\cos(\varphi_k) - R_2\sin(\varphi_k)] \\
a_k\varphi_k' &= \sigma a_k - C_2 a_k^3 + C_3 a_k + \frac{\delta\gamma_0}{2} a_k [R_2\cos(\varphi_k) + R_1\sin(\varphi_k)]
\end{aligned}\right\}
\tag{3-65}
$$

其中

$$
\left.\begin{aligned}
C_1 &= \frac{(1-\gamma_0^2)E_v m_{2k}}{4} \\
C_2 &= \frac{3E_e m_{2k}}{4k\pi} \\
C_3 &= \frac{\delta^2\gamma_0^2 k\pi}{2}(1+\gamma_0^2) \\
R_1 &= [1-\cos(2k\pi\gamma_0)] \\
R_2 &= \sin(2k\pi\gamma_0)
\end{aligned}\right\}
\tag{3-66}
$$

为确定黏弹性传动带系统的 1/2 次亚谐—主参数共振的定常解。

令 $D_1 a_k = 0$、$D_1\varphi_k = 0$，得到黏弹性传动带 1/2 次亚谐—主参数共振的振幅 a_k 和相位 φ_k 应满足的代数方程

$$
\left.\begin{aligned}
C_1 a_k^3 &= \frac{\delta\gamma_0}{4} a_k [R_1\cos(\varphi_k) - R_2\sin(\varphi_k)] \\
C_2 a_k^3 - \sigma a_k - C_3 a_k &= \frac{\delta\gamma_0}{2} a_k [R_2\cos(\varphi_k) + R_1\sin(\varphi_k)]
\end{aligned}\right\}
\tag{3-67}
$$

消去 φ_k，可得到振幅 a_k 与调谐参数 σ 之间的关系

$$
\left.\begin{aligned}
a_k &= 0 \\
(4C_1^2 + C_2^2)a_k^4 - 2C_2(\sigma + C_3)a_k^2 + (C_3 + \sigma)^2 &- \frac{\delta^2\gamma_0^2}{4}(R_1^2 + R_2^2) = 0
\end{aligned}\right\}
\tag{3-68}
$$

式(3-68)为黏弹性传动带系统 1/2 次亚谐—主参数共振定常解幅频响应方程。

分析式(3-68)得到不同形式的解：

(1) 当 $(C_3 + \sigma)^2 < \dfrac{\delta^2\gamma_0^2}{4}(R_1^2 + R_2^2)$ 时为

$$
a_{k1} = 0
$$

$$
\left.
a_{k2,3} = \sqrt{\frac{-C_2(\sigma + C_3) + \sqrt{(4C_1^2 + C_2^2)(R_1^2 + R_2^2)\dfrac{\delta^2\gamma_0^2}{4} - 4C_1^2(C_3 + \sigma)^2}}{4C_1^2 + C_2^2}}
\right\}
$$

$$
\tag{3-69}
$$

（2）当$(C_3 + \sigma)^2 > \dfrac{\delta^2 \gamma_0^2}{4}(R_1^2 + R_2^2)$，$(C_3 + \sigma)^2 < \dfrac{\delta^2 \gamma_0^2}{4}\left(1 + \dfrac{C_2^2}{4C_1^2}\right)(R_1^2 + R_2^2)$，$\sigma > 0$ 时为

$$a_{k1} = 0$$

$$\left.\begin{array}{l} a_{k2,3} = \sqrt{\dfrac{-C_2(\sigma + C_3) + \sqrt{(4C_1^2 + C_2^2)(R_1^2 + R_2^2)\dfrac{\delta^2 \gamma_0^2}{4} - 4C_1^2(C_3 + \sigma)^2}}{4C_1^2 + C_2^2}} \\[30pt] a_{k4,5} = \sqrt{\dfrac{-C_2(\sigma + C_3) - \sqrt{(4C_1^2 + C_2^2)(R_1^2 + R_2^2)\dfrac{\delta^2 \gamma_0^2}{4} - 4C_1^2(C_3 + \sigma)^2}}{4C_1^2 + C_2^2}} \end{array}\right\} \quad (3\text{-}70)$$

（3）在其他区域只有 $a_k = 0$。

系统的一次近似解为

$$v(t) = a_k \cos(\tau + \varphi_k) \quad (3\text{-}71)$$

黏弹性传动带系统的 1/2 次亚谐—主参数共振的响应曲线，可由式（3-68）计算。分析参数 σ、δ、γ_0 对响应曲线的影响得到平均轴向运动速度、速度变化的幅值和频率等对稳态响应幅值的影响。

在将无量纲化的速度变化幅值固定为 $\delta = 0.5$ 和 $\delta = 0.9$ 时，稳态响应的幅值随调谐参数 σ 的变化如图 3-14（a）和（b）所示。在将无量纲化的速度变化幅值固定为 $\delta = 0.5$ 时，随着无量纲化的平均轴向运动速度的增大，共振区域变大而振幅减小，如图 3-14（a）所示；在将无量纲化的速度变化幅值固定为 $\delta = 0.9$ 时，随着无量纲化的平均轴向运动速度的增大，共振区域变大很快而振幅变化不明显，如图 3-14（b）所示。

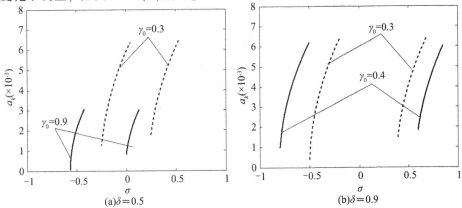

图 3-14　响应幅值随 σ 的变化

在将无量纲化的平均轴向运动速度固定为 $\gamma_0 = 0.5$ 和 $\gamma_0 = 0.8$ 时，稳态响应幅值随无量纲化的平均轴向运动速度变化幅值 δ 的变化如图 3-15（a）和（b）所示。如图 3-15（a）所示，当 $\gamma_0 = 0.5$ 时，σ 增大，稳态响应的幅值变化不明显，共振区域减小；如图 3-15（b）所示，当 $\gamma_0 = 0.8$，$\sigma > 0$ 时，稳态响应的幅值和共振区域对 σ 非常敏感，稳态响应的幅值增大有非常大的变化。

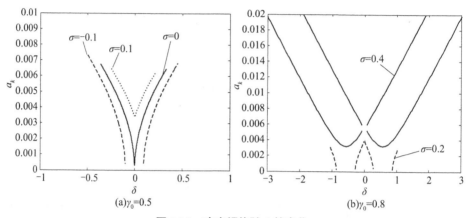

图 3-15　响应幅值随 δ 的变化

将无量纲化的速度变化幅值固定为 $\delta = 0.5$、$\sigma = 0.2$ 时，稳态响应的幅值和存在边界随无量纲化的平均轴向运动速度 γ_0 的变化如图 3-16 所示，曲线关于 $\gamma_0 = 0$ 对称分布。稳态响应的幅值在 $\gamma_0 = \pm 0.5$ 时最大。

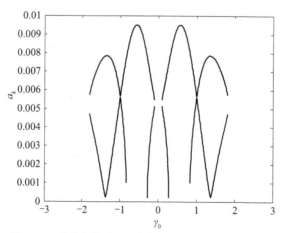

图 3-16　响应幅值随 γ_0 的变化（$\delta = 0.5$，$\sigma = 0.2$）

将谐参数固定为 $\sigma = -2$ 和 $\sigma = 1$ 时，稳态响应幅值随 γ_0、δ 的变化如图 3-17 所示，曲线关于 $\gamma_0 = 0$、$\delta = 0$ 对称分布，当谐参数增加时，平均轴向

速度 γ_0 共振区域减小而稳态响应的幅值增大。

黏弹性传动带系统的无量纲化的平均轴向速度 γ_0 和调谐参数 σ、平均轴向运动速度变化幅值 δ 等参数对稳态响应的幅值和存在区域有影响。在 1/2 次亚谐—主参数共振分析还得到黏弹性减小了振动。随着调谐参数 σ 增大，稳态响应的幅值增大。参见文献[3]。

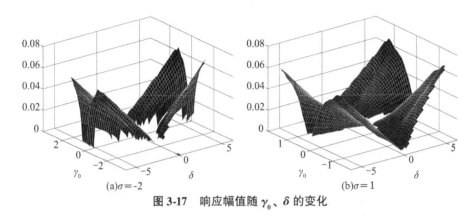

图 3-17　响应幅值随 γ_0、δ 的变化

3.3　传送带系统的参强联合共振

传动带系统必须考虑皮带黏弹性，以及主动轮和从动轮等非线性因素的影响。相对而言，参强联合共振的研究成果比较少。杨志安以电机轴承转子系统为研究对象，考虑转子偏心力、轴承反力和不平衡电磁力影响，应用求非线性振动的平均法分析电磁参数对系统参强联合共振。邱家俊分析了水轮发电机定子系统和交流电机由电磁力激发的参强联合共振，求得了稳态响应的分岔方程，进行了奇异性分析，揭示了一些新的规律和现象。轴向运动弦线和梁也很少有参强联合共振研究成果。胡宇达研究磁场环境中轴向变速运动载流梁在简谐激励和移动载荷作用下的参强联合共振问题。运用多尺度法研究黏弹性传送带系统参强联合共振的稳态响应，并分析带的黏弹性参数、长度、谐调值等参数对传动带系统共振的影响。

3.3.1　数学模型和振动控制方程

由运动带系统的结构简图 3-18 可知，刚性主动轮半径为 r_1，刚性从动轮半径为 r_2；主动轮偏心为 e_1，从动轮偏心为 e_2，皮带的轴向运动速度为 $c(t)$，横向位移为 $V(x,t)$，密度为 ρ，横截面面积为 A，初张力为 P_0。应用拉格朗

日应力公式及科氏加速度、牛顿第二定律，考虑横向振动，推导传动带的横向振动运动微分方程

$$\left(\frac{P_0}{A} + \tilde{\sigma}\right)V_{xx} + V_x \tilde{\sigma}_x = \rho\left(\frac{\partial^2 V}{\partial t^2} + 2c\frac{\partial^2 V}{\partial x \partial t} + c^2\frac{\partial^2 V}{\partial x^2} + \frac{dc}{dt}\frac{\partial V}{\partial x}\right) \tag{3-72}$$

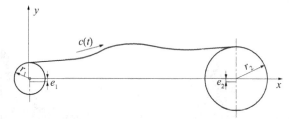

图 3-18 传送带力学模型

式中，V_x，V_t 为对 x，t 的偏导数；$\tilde{\sigma}$ 为应力。

系统的非齐次边界条件

$$V(0, t) = e_1\sin(\Omega_1 t), \qquad V(L, t) = e_2\sin(\Omega_2 t) \tag{3-73}$$

式中，L 为带跨距长度；Ω_1，Ω_2 为带轮的转动频率。

令 $V + e_1\sin(\Omega_1 t) + (e_2\sin(\Omega_2 t) - e_1\sin(\Omega_1 t))(x/L)$ 代替 $V(x, t)$ 使得边界条件为齐次，激励的边界转移了范围。相对应方程式（3-72）、式（3-73）变为

$$\left(\frac{P_0}{A} + \tilde{\sigma}\right)V_{xx} + V_x \tilde{\sigma}_x + \frac{F(x, t)}{A} = \rho\left(\frac{\partial^2 V}{\partial t^2} + 2c\frac{\partial^2 V}{\partial x \partial t} + c^2\frac{\partial^2 V}{\partial x^2} + \frac{dc}{dt}\frac{\partial V}{\partial x}\right) \tag{3-74}$$

$$V(0, t) = 0, \qquad V(L, t) = 0 \tag{3-75}$$

注意，$F(x, t)$ 是由边界条件的改变转移而来的外部力。

由带原料的黏弹性特性决定一维线性微分黏弹性构成规律可得 $\tilde{\sigma}(t) = E^*$ $\tilde{\varepsilon}(t)$，E^* 是线性微分算子，考虑 Lagrangian 应变成

$$\tilde{\sigma}(t) = E^*\left(\frac{1}{2}V_x^2\right) \tag{3-76}$$

设轴向运动速度为

$$c(t) = c_0 + c_1\cos(\Omega t) \tag{3-77}$$

将式（3-76）和式（3-77）代入式（3-74），并将所得结果变换为无量纲形式，得到

$$\frac{\partial^2 v}{\partial \tau^2} + 2(\gamma_0 + \gamma_1\cos(\omega\tau))\frac{\partial^2 v}{\partial \tau \partial \xi} + \left(\gamma_0^2 + \frac{\gamma_1^2}{2} + 2\gamma_0\gamma_1\cos(\omega\tau) + \right.$$
$$\left.\frac{\gamma_1^2}{2}\cos(2\omega\tau)\right)\frac{\partial^2 v}{\partial \xi^2} = N(v) + f(x, t) - \omega\gamma_1\sin(\omega\tau)\frac{\partial v}{\partial \xi} \tag{3-78}$$

其中，$v = \dfrac{V}{L}$，$\xi = \dfrac{x}{L}$，$\tau = t \left(\dfrac{P_0}{\rho A L^2}\right)^{\frac{1}{2}}$，$\gamma_0 = c_0 \left(\dfrac{\rho A}{P_0}\right)^{\frac{1}{2}}$，$\gamma_1 = c_1 \left(\dfrac{\rho A}{P_0}\right)^{\frac{1}{2}}$，

$\omega = \Omega_1 \left(\dfrac{\rho A L^2}{P_0}\right)^{\frac{1}{2}}$，$E = \dfrac{E^* A}{P_0}$，$f(x, t) = \dfrac{F(x, t) L}{P_0}$。

仅考虑左轮的偏心，因而外部力可以表示为 $f(x, t) = e_1 \Omega_1^2 \sin(\Omega_1 t)(L - x) + 2 c e_1 \cos(\Omega_1 t)$，其中，$\Omega_1$ 是左轮的转动频率，假定没有滑动，激励频率和传送速度的关系可表示为 $\Omega_1 = \dfrac{c}{r_1}$。

非线性算子 $N(v)$ 定义为

$$N(v) = E\left(\frac{1}{2} v_\xi^2\right) v_{\xi\xi} + v_\xi \left\{ E\left(\frac{1}{2} v_\xi^2\right) \right\}_\xi \tag{3-79}$$

带材料的黏弹性性质，使用最普遍的 Kelvin 黏弹性模型，相应的线性无量纲微分算子 E 是

$$E = E_e + E_v \frac{\partial}{\partial \tau} \tag{3-80}$$

其中，$E_e = \dfrac{E_0 A}{P_0}$；$E_v = \eta \sqrt{\dfrac{A}{\rho P_0 L^2}}$；$E_0$ 为带的弹性模量；η 为阻尼器的动态黏滞度。

将式(3-80)代入式(3-79)，得到 Kelvin 黏弹性模型的非线性算子 $N(v)$ 为

$$N(v) = \frac{3}{2} E_e v_\xi^2 v_{\xi\xi} + E_v \frac{\partial}{\partial \tau} \left(\frac{1}{2} v_\xi^2\right) v_{\xi\xi} + v_\xi E_v \frac{\partial}{\partial \tau} (v_\xi v_{\xi\xi}) \tag{3-81}$$

式中，$\dfrac{3}{2} E_e v_\xi^2 v_{\xi\xi}$ 是带弹性非线性项；$E_v \dfrac{\partial}{\partial \tau}\left(\dfrac{1}{2} v_\xi^2\right) v_{\xi\xi}$ 和 $v_\xi E_v \dfrac{\partial}{\partial \tau}(v_\xi v_{\xi\xi})$ 是带黏弹性非线性项。

引入下列质量、陀螺和刚度算子

$$M = I, \quad G = 2\gamma_0 \frac{\partial}{\partial \xi}, \quad K = (\gamma_0^2 - 1) \frac{\partial^2}{\partial \xi^2} \tag{3-82}$$

其中，算子 M 和 K 在亚临界轴向速度下为对称正定，表示 Coriolis 加速度分量算 G 为反对称。因此，将式(3-78)改写为陀螺系统标准控制方程

$$Mv_{\xi\xi} + Gv_\xi + Kv = N(v) + f(x, t) - 2\gamma_1 \cos(\omega\tau) \frac{\partial^2 v}{\partial \tau \partial \xi} -$$

$$\left(\frac{\gamma_1^2}{2} + 2\gamma_0 \gamma_1 \cos(\omega\tau) + \frac{\gamma_1^2}{2} \cos(2\omega\tau)\right) \frac{\partial^2 v}{\partial \xi^2} - \omega\gamma_1 \sin(\omega\tau) \frac{\partial v}{\partial \xi} \tag{3-83}$$

3.3.2　传动带参强联合共振

将式(3-83)改写为弱非线性的连续陀螺系统,引入小无量纲参数 ε,系统变换为

$$Mv_{\xi\xi} + Gv_{\xi} + Kv = \varepsilon \left\{ \begin{array}{l} N(v) + f(x, t) - 2\delta\gamma_0 \cos(\omega\tau) \dfrac{\partial^2 v}{\partial\tau\partial\xi} - \\[2mm] \dfrac{\delta\gamma_0^2}{2} [\delta + 4\cos(\omega\tau) + \delta\cos(2\omega\tau)] \dfrac{\partial^2 v}{\partial\xi^2} - \omega\gamma_1 \sin(\omega\tau) \dfrac{\partial v}{\partial\xi} \end{array} \right\}$$

$$(3-84)$$

其中, $\delta = \dfrac{\gamma_1}{\gamma_0}$。

接多尺度法将其应用于式(3-84),所求的一阶近似解为

$$v(\xi, \tau, \varepsilon) = v_0(\xi, T_0, T_1) + \varepsilon v_1(\xi, T_0, T_1) + \cdots \qquad (3-85)$$

且时间尺度: $T_t = \varepsilon^r \tau$, $r = 0, 1, 2\cdots$。将式(3-85)代入式(3-84),比较 ε 同次幂系数得到

$$M\dfrac{\partial^2 v_0}{\partial T_0^2} + G\dfrac{\partial v_0}{\partial T_0} + Kv_0 = 0 \qquad (3-86)$$

$$M\dfrac{\partial^2 v_1}{\partial T_0^2} + G\dfrac{\partial v_1}{\partial T_0} + Kv_1 = -2M\dfrac{\partial^2 v_0}{\partial T_0 \partial T_1} - G\dfrac{\partial v_0}{\partial T_1} + N(v_0) + f(\xi, \tau) -$$

$$2\delta\gamma_0 \cos(\omega\tau)\dfrac{\partial^2 v_0}{\partial T_0 \partial\xi} - \dfrac{\delta\gamma_0^2}{2}[\delta + 4\cos(\omega\tau) + \delta\cos(2\omega\tau)]\dfrac{\partial^2 v_0}{\partial\xi^2} \qquad (3-87)$$

方程式(3-87)的右边所有激励分量都是按 v_0 解求得的,除了 $f(\xi, \tau)$。

方程式(3-86)的解为

$$v_0 = \psi_k(\xi) A_k(T_1) e^{i\omega_k T_0} + \overline{\psi}_k(\xi) \overline{A}_k(T_1) e^{-i\omega_k T_0} \qquad (3-88)$$

其中, ω_k 为第 k 阶固有频率, ψ_k 为第 k 阶本征函数。对线性运动带, $\omega_k = k\pi(1 - \gamma)$, $\psi_k = \sqrt{2} \sin(k\pi\xi) e^{ik\pi\xi}$。

若涨落频率接近于系统某固有频率,可能出现共振。引入调谐参数 σ,由下式确定

$$\Omega_1 = \omega_k + \varepsilon\sigma, \qquad \omega = \omega_k + \varepsilon\sigma, \qquad \sigma = o(1) \qquad (3-89)$$

将式(3-88)和式(3-89)代入式(3-87),进一步推导得

$$\left. \begin{array}{l} a_k' = C_1 a_k^3 + K_1 \sin\varphi_k + K_2 \cos\varphi_k + C_2 a_k \cos(2\varphi_k) + C_3 a_k \sin(2\varphi_k) \\[2mm] a_k \varphi_k' = \sigma a_k + C_4 a_k^3 + K_1 \cos\varphi_k - K_2 \sin\varphi_k + C_5 a_k + C_3 a_k \cos(2\varphi_k) - C_2 a_k \sin(2\varphi_k) \end{array} \right\}$$

$$(3-90)$$

其中

$$
\left.\begin{aligned}
C_1 &= \frac{(1-\gamma_0^2)E_v m_{2k}}{4} \\[2mm]
C_2 &= -\frac{\delta\gamma_0^2}{16}a_k\left[1-\cos(2k\pi\gamma_0)\right] \\[2mm]
C_3 &= \frac{\delta\gamma_0^2}{16}\sin(2k\pi\gamma_0) \\[2mm]
C_4 &= \frac{3E_e m_{2k}}{8k\pi} \\[2mm]
C_5 &= \frac{\delta^2\gamma_0^2 k\pi}{4}(1+\gamma_0^2) \\[2mm]
K_1 &= \mathrm{Re}(f_k)/k\pi \\[2mm]
K_2 &= \mathrm{Im}(f_k)/k\pi
\end{aligned}\right\} \tag{3-91}
$$

式(3-88)是系统参强联合共振一次近似解的振幅 a_k 和相位 φ_k 应满足的微分方程。

为确定系统对应参强联合共振稳态运动定常解，引入

$$
u = a_k\cos\varphi_k, \quad v = a_k\sin\varphi_k \tag{3-92}
$$

$$
\dot{u} = \dot{a}_k\cos\varphi_k - a_k\sin\varphi_k\dot{\varphi}_k, \quad \dot{v} = \dot{a}_k\sin\varphi_k + a_k\cos\varphi_k\dot{\varphi}_k \tag{3-93}
$$

令 $D_1 a_k = 0$，$D_1\varphi_k = 0$，得到

$$
\dot{u} = \dot{v} = 0 \tag{3-94}
$$

进而得到振幅 a_k 与激励频率失调量 σ 之间的关系

$$
R_1 a_k^{10} + R_2 a_k^8 + R_3 a_k^6 + R_4 a_k^4 + R_5 a_k^2 + R_6 = 0 \tag{3-95}
$$

其中 $R_1 = (C_4^2 + C_1^2)^2$

$$
R_2 = 4C_4(\sigma + C_5)(C_4^2 + C_1^2)
$$

$$
R_3 = 2\left[(\sigma + C_5)^2 - C_3^2 - C_2^2\right](C_4^2 + C_1^2) + 4(\sigma + C_5)^2 C_4^2
$$

$$
R_4 = 4C_4\left[(\sigma + C_5)^2 - C_3^2 - C_2^2\right](\sigma + C_5) - (C_4 K_1 + K_2 C_1)^2 - (C_1 K_1 - K_2 C_4)^2
$$

$$
R_5 = \left[(\sigma_6 + C_5)^2 - C_3^2 - C_3^2\right]^2 + 2\left[K_1(C_3 - \sigma - C_5) + K_2 C_2\right](C_4 K_1 - K_2 C_1) - 2\left[C_2 K_1 - K_2(C_3 + \sigma + C_5)\right](C_1 K_1 - K_2 C_4)
$$

$$
R_6 = -\left[K_1 C_2 - K_2(C_3 + \sigma + C_5)\right]^2 - \left[K_1(C_3 - \sigma - C_5) + K_2 C_2\right]^2
$$

式(3-95)称为系统参强联合共振稳态运动定常解幅频响应方程。

3.3.3　定常解的稳定性分析

分析零解和非零解的稳定性，令

$$
A = w + jv \tag{3-96}
$$

其中

$$w = \frac{1}{2}a_k\cos\varphi_k, \quad v = \frac{1}{2}a_k\sin\varphi_k \tag{3-97}$$

进一步推导可得

$$-2ik\pi(D_1w + iD_1v) + m_{2k}(3E_e + 2i\omega_kE_v)(w^2 + v^2)(w - iv) +$$

$$\frac{\delta^2\gamma_0^2k^2\pi^2}{2}(1 + \gamma_0^2)(w + iv) - \frac{\delta^2\gamma_0^2k\pi}{8}(1 - e^{-2ik\pi\gamma_0})(w - iv)e^{2i\sigma T_1} + f_ke^{i\sigma T_1} = 0 \tag{3-98}$$

分离实虚部得

$$\left. \begin{array}{l} D_1w = \alpha_1(w^2 + v^2)w + \alpha_2(w^2 + v^2)v + \alpha_3w + \alpha_4v + \alpha_5v + k_2 \\ D_1v = \alpha_1(w^2 + v^2)v - \alpha_2(w^2 + v^2)w - \alpha_3v + \alpha_4w - \alpha_5w + k_1 \end{array} \right\} \tag{3-99}$$

其中

$$\left. \begin{array}{l} \alpha_1 = (1 - \gamma_0^2)E_vm_{2k} \\[2mm] \alpha_2 = \dfrac{3E_em_{2k}}{2k\pi} \\[3mm] \alpha_3 = \dfrac{\delta\gamma_0^2}{16}\left[\cos(2\sigma T_1) - \cos(2\sigma T_1 + 2k\pi\gamma_0)\right] \\[3mm] \alpha_4 = \dfrac{\delta\gamma_0^2}{16}\left[\sin(2\sigma T_1) - \sin(2\sigma T_1 + 2k\pi\gamma_0)\right] \\[3mm] \alpha_5 = \dfrac{\delta^2\gamma_0^2k\pi}{4}(1 + \gamma_0^2) \\[2mm] k_1 = \mathrm{Re}(f_ke^{i\sigma T_1}) \\[2mm] k_2 = \mathrm{Im}(f_ke^{i\sigma T_1}) \end{array} \right\} \tag{3-100}$$

其 Jacobi 矩阵为

$$J = \begin{pmatrix} \alpha_1(3w^2 + v^2) + 2\alpha_2wv + \alpha_3 & \alpha_2(w^2 + 3v^2) + 2\alpha_1wv + \alpha_4 + \alpha_5 \\ -\alpha_2(3w^2 + v^2) + 2\alpha_1wv + \alpha_4 - \alpha_5 & \alpha_1(w^2 + 3v^2) - 2\alpha_2wv - \alpha_3 \end{pmatrix} \tag{3-101}$$

(1)对于零解的特征方程为

$$\lambda^2 + \alpha_5^2 - \alpha_3^2 - \alpha_4^2 = 0 \tag{3-102}$$

将式(3-100)带入式(3-102)得

$$\lambda^2 + \frac{\delta^2\gamma_0^4}{64}\left(\frac{\delta^2k^2\pi^2}{4}(1 + \gamma_0^2)^2 - \sin^2(k\pi\gamma_0)\right) = 0 \tag{3-103}$$

零解的稳定条件为

$$\frac{\delta^2 k^2 \pi^2}{4}(1+\gamma_0^2)^2 - \sin^2(k\pi\gamma_0) > 0 \tag{3-104}$$

（2）对于非零解的特征方程为

$$\lambda^2 - \alpha_1 a_k^2 \lambda + \left(\frac{3(\alpha_1^2+\alpha_2^2)}{16} + \frac{(\alpha_1\alpha_3-\alpha_2\alpha_4)(C_3C_4+C_1C_2)+(C_1C_3-C_2C_4)}{2(\alpha_3^2+\alpha_4^2)}\right)a_k^4 +$$

$$\left(\frac{(\sigma+C_5)(C_3(\alpha_2\alpha_4-\alpha_1\alpha_3)-C_2)}{2(\alpha_3^2+\alpha_4^2)} + \alpha_2\alpha_5\right)a_k^2 + \alpha_5^2 - \alpha_3^2 - \alpha_4^2 = 0 \tag{3-105}$$

非零解的稳定条件为

$$\left.\begin{array}{l} \alpha_1 < 0 \\[3mm] \left(\dfrac{3(\alpha_1^2+\alpha_2^2)}{16} + \dfrac{(\alpha_1\alpha_3-\alpha_2\alpha_4)(C_3C_4+C_1C_2)+(C_1C_3-C_2C_4)}{2(\alpha_3^2+\alpha_4^2)}\right)a_k^4 + \\[5mm] \left(\dfrac{(\sigma+C_5)(C_3(\alpha_2\alpha_4-\alpha_1\alpha_3)-C_2)}{2(\alpha_3^2+\alpha_4^2)} + \alpha_2\alpha_5\right)a_k^2 + \alpha_5^2 - \alpha_3^2 - \alpha_4^2 > 0 \end{array}\right\}$$

$$\tag{3-106}$$

参数取值：$E_0 = 200$ MPa，$d_1 = 125$ mm，$d_2 = 280$ mm，$L = 677.4$ mm，$P_0 = 800$ N，$k = 1$，$\eta = 1$，$\rho = 1\ 235$ kg/m³，$E_e = 400$，$E_v = 0$。

由式（3-106）可知非零解的稳定条件，分析不同参数 σ、δ、γ_0 对稳定区域的影响。在分别将无量纲化的平均轴向运动速度固定为 $\gamma_0 = 0.5$、$\gamma_0 = 0.6$ 时，非零解的稳定区域和存在边界随调谐参数 σ 的变化如图 3-19（a）、（b）所示，增大 δ 时，稳定区域的存在边界值增大。当 $\gamma_0 = 0.5$ 时，随着调谐参数 σ 的增大，稳定区域的存在边界值减小，如图 3-19（a）所示；当 $\gamma_0 = 0.6$ 时，随着调谐参数 σ 的增大，稳定区域的存在边界值增大，如图 3-19（b）所示。在调谐参数分别固定为 $\sigma = 0$、$\sigma = 2$ 时，非零解的稳定区域和存在边界随着无量纲化的平均轴向运动速度 γ_0 的变化如图 3-20（a）、（b）所示，增大 δ 时，稳定区域存在边界值增大。$\sigma = 0$ 时，随着无量纲化的平均轴向运动速度 γ_0 的增大，稳定区域的存在边界值存在跳跃现象，如图 3-20（a）所示；$\sigma = 2$ 时，随着无量纲化的平均轴向运动速度 γ_0 的增大，稳定区域的存在边界值的跳跃现象越来越明显，如图 3-20（b）所示。在调谐参数分别固定为 $\sigma = 0$、$\sigma = 2$ 时，非零解的稳定区域和存在边界随无量纲化的平均轴向运动速度变化幅值 δ 的变化如图 3-21（a）、（b）所示，增大 δ 时，稳定区域的存在边界值增大。

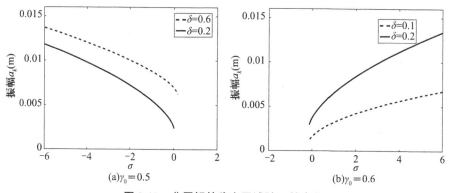

图 3-19　非零解的稳定区域随 σ 的变化

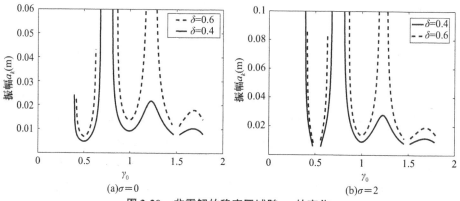

图 3-20　非零解的稳定区域随 γ_0 的变化

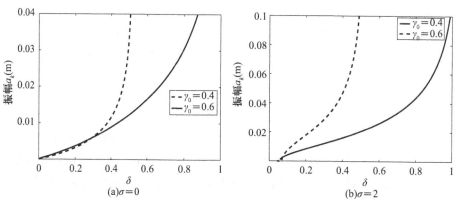

图 3-21　非零解的稳定区域随 δ 的变化

3.3.4　稳态响应结果分析

传动带系统参强共振的幅频响应方程式(3-95)，数值分析不同参数 σ、δ、γ_0 对幅频响应曲线的影响。

参数取值：$d_1 = 125$ mm，$d_2 = 280$ mm，$L = 2$ m，$P_0 = 150$ N，$k = 1$，$\eta = 1$，$\rho = 1\,235$ kg/m^3，$E_v = 10$，$E_e = 20$。在 $\gamma_0 = 0.5$、$\delta = 0.5$ 时，稳态响应的幅值和存在边界随调谐参数 σ 的变化如图 3-22 所示。随着中心距 L 的增大，稳态响应的幅值减小，跳跃现象越来越弱，如图 3-22 所示。

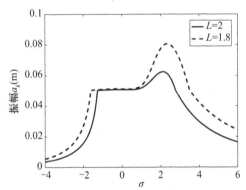

图 3-22　响应幅值随 σ 的变化
（$\gamma_0 = 0.5$、$\delta = 0.5$）

其中参数取值变为：$E_0 = 200$ MPa，$L = 10$ m，$P_0 = 1\,200$ N。在 $\gamma_0 = 0.5$、$\delta = 0.5$ 时，稳态响应的幅值和存在边界随无量纲化的平均轴向运动速度 γ_0 的变化如图 3-23 所示。增加皮带弹性模量会抑制振动幅值，且增大了共振区域，如图 3-23 所示。

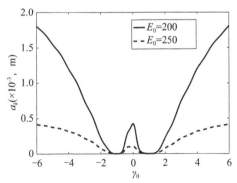

图 3-23　响应幅值随 γ_0 的变化（$\delta = 0.5$、$\sigma = 0.1$）

　　在 $\sigma = 2$、$\gamma_0 = 0.8$ 时，稳态响应的幅值和存在边界随无量纲化的平均轴向运动速度变化幅值 δ 的变化如图 3-24 所示，参数的改变只能影响共振区域，并不改变最大的幅值。

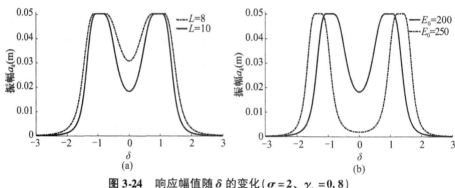

图 3-24　响应幅值随 δ 的变化（$\sigma = 2$、$\gamma_0 = 0.8$）

　　本章通过拉格朗日应力公式和科氏加速度，基于 Kelvin 黏弹性模型，得到了黏弹性传动带系统的陀螺系统标准控制方程。运用多尺度法得到了传动带系统主参数及参强联合共振的稳态周期幅频响应关系，并对定常解的稳定性分析。数值计算结果表明，黏弹性传动带系统随无量纲化的平均轴向速度 γ_0 和调谐参数 σ、平均轴向运动速度变化幅值 δ 等参数变化的幅频响应曲线复杂多样，横向振动的非线性特性丰富多样。带的横截面面积、长度、外部激励不仅影响非平凡稳态响应的幅值，并且影响其存在区域。增大带黏弹性非线性项参数不仅减小了振动，而且移动了稳定边界条件。通过分析参数对系统非线性振动的影响，以调整参数值来达到控制振动的目标，对结构的优化设计提供理论依据。

第 4 章　皮带机构的非线性振动研究

　　皮带传动是机械工程中最普遍应用的传动装置之一。随着现代化生产、制造机的应用要求提高对带传动的稳定性及安全性。皮带传动装置的振动产生噪声和安全隐患，因此研究皮带传动的动力特性非常重要，皮带机构振动问题研究是必不可少的。崔道碧建立了考虑具有非线性黏弹性材料的皮带传动系统的扭转振动方程，应用多尺度方法对方程求解，确定了主系统稳态解的幅频响应方程。陈立群采用解析和数值方法得到了一类平带驱动系统非线性振动的幅频特性。杨玉萍应用拉格朗日方程和虚功原理建立了同步带传动纵向振动的运动微分方程，导出了纵向自由振动的固有频率及当同步带轮有偏心时纵向振动和横向振动的激励响应。Serge Abrate 分析了功率传动带与运转中要产生轴向、横向及扭转振动，对适用于分析皮带自由振动和受迫振动的模型进行了讨论，并讨论了皮带和张力、输送速度、抗弯刚度、支承柔度、大位移、带和带轮的缺陷造成的影响。L. Zhang 和 J. W. Zu 对黏弹性传动带的非线性振动分别进行自由振动分析和强迫振动分析，运用多尺度法和摄动法，得到非线性振动的频率和振幅，分析了弹性参数、黏弹性参数、轴向运动速度和几何非线性等对频率和振幅的影响。F. Pellicano 研究传动带的主共振和参数共振的非线性，从实验和理论上进行分析，并考虑轮的偏心对其影响，对比了简化模型和实验数据。

　　本章研究皮带机构的主共振、亚谐共振、超谐共振，对比分析主共振的一、二次近似解，以及强非线性的共振，分析了带的长度和横截面面积、外激力、谐调值、系统阻尼等参数对机械系统的影响，并通过参数的控制达到控制振动的目的。

4.1　皮带机构的主共振

　　设两个刚性轮由具有非线性材质的皮带连接，主动轮上作用有简谐力矩 $M_0\cos\Omega$，系统的结构简图如图 4-1 所示。由图 4-1 可知，r_1 为主动轮半径，r_2 为从动轮半径；J_1 为主动轮转动惯量，J_2 为从动轮转动惯量，K_1 为皮带的线性拉伸刚度，k' 为皮带的平方非线性拉伸弹性参数，k 为皮带的立方非线性拉伸弹性参数，c 为黏性阻尼系数。皮带的总长 $L = 2\sqrt{\left(\dfrac{d_2 - d_1}{2}\right)^2 + a_{12}^2}\ +$

$\pi(\dfrac{d_2 + d_1}{2})$，$K_1 = \dfrac{EA}{L}$，$E$ 为带的弹性模量，A 为带的横截面面积。若皮带轮在运转中皮带的绝对伸长为 ξ，则皮带所具有的非线性弹性力 $F = K_1\xi + K_1 k'\xi^2 + K_1 k\xi^3$，阻尼力 $F' = c\dot{\xi}$。

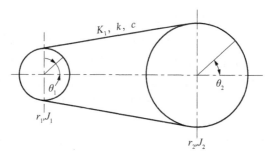

图 4-1　系统的结构简图

此时系统所具有的动能 T、势能 Π 为

$$T = \frac{1}{2}J_1\dot{\theta}_1{}^2 + \frac{1}{2}J_2\dot{\theta}_2^2 \tag{4-1}$$

$$\Pi = (2K_1)(r_1\theta_1 - r_2\theta_2)^2/2 + (2k'K_1)(r_1\theta_1 - r_2\theta_2)^3/3 + (2kK_1)(r_1\theta_1 - r_2\theta_2)^4/4 \tag{4-2}$$

Lagrange 函数为 $L = T - \Pi$。
振动的耗散函数为

$$F = (2c)(r_1\dot{\theta}_1 - r_2\dot{\theta}_2)^2/2 \tag{4-3}$$

把 L、F 代入到拉格朗日方程式，可得到该系统的运动微分方程为

$$\left.\begin{aligned}
\frac{d}{dt}\left(\frac{\partial L}{\partial \dot{\theta}_1}\right) - \frac{\partial L}{\partial \theta_1} + \frac{\partial F}{\partial \dot{\theta}_1} &= M_0\cos\Omega t \\
\frac{d}{dt}\left(\frac{\partial L}{\partial \dot{\theta}_2}\right) - \frac{\partial L}{\partial \theta_2} + \frac{\partial F}{\partial \dot{\theta}_2} &= 0
\end{aligned}\right\} \tag{4-4}$$

进一步得

$$\left.\begin{aligned}
J_1\ddot{\theta}_1 + 2K_1r_1(r_1\theta_1 - r_2\theta_2) &= -2K_1k'r_1(r_1\theta_1 - r_2\theta_2)^2 - 2K_1kr_1(r_1\theta_1 - r_2\theta_2)^3 - \\
&\quad 2cr_1(r_1\dot{\theta}_1 - r_2\dot{\theta}_2) + M_0\cos\Omega t \\
J_2\ddot{\theta}_2 + 2K_1r_2(r_2\theta_2 - r_1\theta_1) &= 2K_1k'r_2(r_1\theta_1 - r_2\theta_2)^2 + 2K_1kr_2(r_1\theta_1 - r_2\theta_2)^3 + \\
&\quad 2cr_2(r_1\dot{\theta}_1 - r_2\dot{\theta}_2)
\end{aligned}\right\} \tag{4-5}$$

若令 $\alpha = \theta_1 - \dfrac{r_2}{r_1}\theta_2$，可以将绝对关于扭振角的 θ_1、θ_2 方程组 (4-5) 转换成关于相对扭振角 α 的扭振方程

$$\ddot{\alpha} + \omega_0^2 \alpha = -2\mu\dot{\alpha} - k_2\alpha^2 - k_3\alpha^3 + k_1\cos\Omega t \qquad (4\text{-}6)$$

其中，$\omega_0^2 = \dfrac{2K_1(r_1^2 J_2 + r_2^2 J_1)}{J_1 J_2}$，$2\mu = \dfrac{2c(r_1^2 J_2 + r_2^2 J_1)}{J_1 J_2}$，$k_1 = J_2 M_0$，$k_2 = \dfrac{2K_1 k' r_1(r_1^2 J_2 - r_2^2 J_1)}{J_1 J_2}$，$k_3 = \dfrac{2K_1 k r_1^2(r_1^2 J_2 + r_2^2 J_1)}{J_1 J_2}$。

式中，$\dot{\alpha}$ 代表对时间求一阶导数；$\ddot{\alpha}$ 代表对时间求二阶导数。

4.1.1　主共振的平均方程

研究系统的主共振，引入调谐参数 σ，由式 (4-7) 确定

$$\Omega = \omega_0 + \varepsilon\sigma, \qquad \sigma = 0 \qquad (4\text{-}7)$$

利用多尺度法求解式 (4-6)，首先引入时间尺度 $T_0 = t$，$T_1 = \varepsilon t$，ε 是小参数，主共振的一次近似解为

$$\alpha(t, \varepsilon) = \alpha_0(T_0, T_1) + \varepsilon\alpha_1(T_0, T_1) \qquad (4\text{-}8)$$

将 μ、k_1、k_2 和 k_3 前冠以小参数 ε 后把式 (4-7) 和式 (4-8) 代入式 (4-6)，比较 ε 同次幂的系数得

$$D_0^2\alpha_0 + \omega_0^2\alpha_0 = 0 \qquad (4\text{-}9)$$

$$D_0^2\alpha_1 + \omega_0^2\alpha_1 = -2D_0D_1\alpha_0 - 2\mu D_0\alpha_0 + k_1\cos(\omega_0 T_0 + \sigma T_1) - k_2\alpha_0^2 - k_3\alpha_0^3 \qquad (4\text{-}10)$$

方程式 (4-9) 的通解为

$$\alpha_0 = A(T_1)e^{j\omega_0 T_0} + \overline{A}(T_1)e^{-j\omega_0 T_0} \qquad (4\text{-}11)$$

这里 $\overline{A}$ 是 A 的共轭复数，其中

$$A(T_1) = \frac{a(T_1)}{2}e^{j\beta}, \quad \overline{A}(T_1) = \frac{a(T_1)}{2}e^{-j\beta} \qquad (4\text{-}12)$$

将式 (4-11) 代入式 (4-10) 得

$$D_0^2\alpha_1 + \omega_0^2\alpha_1 = -[2j\omega_0(D_1 A + \mu A) + 3k_3 A^2\overline{A}]e^{j\omega_0 T_0} + \frac{k_1}{2}je^{j(\omega_0 T_0 + \sigma T_1)} - $$
$$k_3 A^3 e^{3j\omega_0 T_0} - k_2 A^2 e^{2j\omega_0 T_0} - 2k_2 A\overline{A} + cc$$

符号 cc 为共轭复数。

消除永年项的条件为

$$2j\omega_0(D_1 A + \mu A) + 3k_3 A^2\overline{A} - \frac{k_1}{2}je^{j\sigma T_1} = 0 \qquad (4\text{-}13)$$

将式(4-12)代入式(4-13)，分离实虚部，得到下列极坐标形式的平均方程

$$
\left.
\begin{aligned}
D_1 a &= -\mu a + \frac{k_1}{2\omega_0}\sin(\sigma T_1 - \beta) \\
a D_1 \beta &= \frac{3k_3}{8\omega_0}a^3 - \frac{k_1}{2\omega_0}\cos(\sigma T_1 - \beta)
\end{aligned}
\right\}
\tag{4-14}
$$

令 $\sigma T_1 - \beta = \varphi$，式(4-14)变为

$$
\left.
\begin{aligned}
D_1 a &= -\mu a + \frac{k_1}{2\omega_0}\sin\varphi \\
a D_1 \varphi &= \sigma a - \frac{3k_3}{8\omega_0}a^3 + \frac{k_1}{2\omega_0}\cos\varphi
\end{aligned}
\right\}
\tag{4-15}
$$

相应的一次近似解为 $\alpha(t) = a(\varepsilon t)\cos[\omega t - \varphi(\varepsilon t)]$。

令 $D_1 a = 0$，$a D_1 \varphi = 0$，得到方程

$$
\left.
\begin{aligned}
\frac{k_1}{2\omega_0}\sin\varphi &= \mu a \\
\frac{k_1}{2\omega_0}\cos\varphi &= -\sigma a + \frac{3k_3}{8\omega_0}a^3
\end{aligned}
\right\}
\tag{4-16}
$$

式(4-16)中的两式平方相加得到

$$
\left.
\begin{aligned}
a^2\left[\mu^2 + \left(\frac{3k_3}{8\omega_0}a^2 - \sigma\right)^2\right] &= \left(\frac{k_1}{2\omega_0}\right)^2 \\
\varphi &= \arctan\frac{\mu}{\dfrac{3k_3}{8\omega_0}a^2 - \sigma}
\end{aligned}
\right\}
\tag{4-17}
$$

式(4-17)为幅频响应方程和相频响应方程。

4.1.2　定常解稳定性

主共振定常解的稳定性就是自治系统在定常解(a, φ)（即奇点）处的稳定性。因此，采用 Routh-Hurwitz 判据来分析主共振的稳定性。

将方程式(4-15)在(a, φ)处线性化，形成关于扰动量 Δa 和 $\Delta \varphi$ 的自治微分方程

$$
\left.
\begin{aligned}
D_1 \Delta a &= -\mu \Delta a + \frac{k_1}{2\omega_0}\cos\varphi \Delta\varphi \\
D_1 \Delta\varphi &= -\left(\frac{3k_3 a}{4\omega_0} + \frac{k_1}{2\omega_0 a^2}\cos\varphi\right)\Delta a - \frac{k_1}{2\omega_0 a}\sin\varphi \Delta\varphi
\end{aligned}
\right\}
\tag{4-18}
$$

利用式(4-16)消去上两式中的 φ，得到

$$
\left.\begin{array}{l}
D_1 \Delta a = -\mu \Delta a + \left(-\sigma a + \dfrac{3k_3}{8\omega_0}a^3 \right)\Delta\varphi \\[4mm]
D_1 \Delta\varphi = \left(\dfrac{\sigma}{a} - \dfrac{9k_3 a}{8\omega_0} \right)\Delta a - \mu \Delta\varphi
\end{array}\right\} \tag{4-19}
$$

得到特征方程

$$
\det \begin{bmatrix} -\mu - \lambda & \dfrac{3k_3 a^3}{8\omega_0} - a\sigma \\[4mm] \dfrac{\sigma}{a} - \dfrac{9k_3 a}{8\omega_0} & -\mu - \lambda \end{bmatrix} = 0 \tag{4-20}
$$

展开得

$$
\lambda^2 + 2\mu\lambda + \mu^2 - \left(\frac{3}{8\omega_0}k_3 a^3 - \sigma a \right)\left(\frac{\sigma}{a} - \frac{9k_3 a}{8\omega_0} \right) = 0 \tag{4-21}
$$

由于 $\mu > 0$，由条件 Routh-Hurwitz 判据可得定常解稳定的条件：

$$
\mu^2 + \left(\sigma - \frac{3k_3}{8\omega_0}a^2 \right)\left(\sigma - \frac{9k_3}{8\omega_0}a^2 \right) < 0 \tag{4-22}
$$

4.1.3　平衡点的稳定性

将方程式(4-6)改写成

$$
\left.\begin{array}{l}
\dot{\alpha} = z \\
\dot{z} = -2\mu z - \omega_0^2 \alpha - k_2 \alpha^2 - k_3 \alpha^3 + k_1 \cos\Omega
\end{array}\right\} \tag{4-23}
$$

由式(4-23)出发可以进行平衡点的稳定性分析，取 $\dot{\alpha} = \dot{z} = 0$，则 3 个平衡态为

$$
\left.\begin{array}{l}
A: \left(\dfrac{0.166\,7S^{\frac{2}{3}} - 2\omega_0^2 k_3 + 0.666\,7k_2^2 - 0.333\,3k_2 S^{\frac{1}{3}}}{k_3 S^{\frac{1}{3}}},\ 0 \right) \\[6mm]
B: \left(\dfrac{-0.083\,3S^{\frac{2}{3}} + \omega_0^2 k_3 - 0.333\,3k_2^2 - 0.333\,3k_2 S^{\frac{1}{3}} + i\psi}{k_3 S^{\frac{1}{3}}},\ 0 \right) \\[6mm]
C: \left(\dfrac{-0.083\,3S^{\frac{2}{3}} + \omega_0^2 k_3 - 0.333\,3k_2^2 - 0.333\,3k_2 S^{\frac{1}{3}} - i\psi}{k_3 S^{\frac{1}{3}}},\ 0 \right)
\end{array}\right\} \tag{4-24}
$$

其中

$$
\psi = 0.144\,3S^{\frac{2}{3}} + 1.732\,1\omega_0^2 k_3 - 0.577\,4k_2^2
$$

$$S = 36\omega_0^2 k_2 k_3 + 108 k_1 \cos\omega t k_3^2 - 8 k_2^2 + 20.785 \left(4\omega_0^6 k_3 - \omega_0^4 k_2^2 + \right.$$

$$\left. 18\omega_0^2 k_2 k_3 k_1 \cos\omega t + 27 k_1^2 \cos^2\omega t k_3^2 - 4 k_1 \cos\omega t k_3^3 \right)^{\frac{1}{2}} k_3$$

B 和 C 两个焦点为共轭复数，它们是稳定的焦点。在二维相图上只研究 A 的平衡问题。方程组（4-23）的 Jacobi 矩阵为

$$J = \begin{pmatrix} 0 & 1 \\ -\omega_0^2 - k_2\alpha - k_3\alpha^2 & -2\mu \end{pmatrix} \tag{4-25}$$

其特征值为

$$\lambda_{1,2} = -\mu \pm \sqrt{\mu^2 - \omega_0^2 - k_3\alpha^2 - k_2\alpha} \tag{4-26}$$

如无特殊声明，参数取值：$J_0 = 1.261 \times 10^{-2}$ kg · m^2，$J_1 = 1.360\,884 \times 10^{-2}$ kg · m^2，$J_2 = 0.317\,633\,38$ kg · m^2，$E = 200$ MPa，$M_0 = 0.06$ N · m，$A = 405$ mm^2，$d_1 = 125$ mm，$d_2 = 280$ mm，$a = 677.4$ mm，$c = 0.02$ N · s/m。
由式（4-24）可得

$$A: \left(\frac{0.647\,5 \times 10^{-13} \Gamma^{\frac{2}{3}} + 0.365\,2 \times 10^{14} - 1.551\,3\Gamma^{\frac{1}{3}}}{\Gamma^{\frac{1}{3}}}, 0 \right) \tag{4-27}$$

式中，$\Gamma = -0.133\,9 \times 10^{41} + 0.110\,5 \times 10^{35} k_1 \cos(145.17t) + 0.147\,3 \times 10^{29} [- 0.195\,8 \times 10^{21} - 0.136\,4 \times 10^{19} k_1 \cos(145.17t) + 0.562\,8 \times 10^{12} k_1^2 \cos(145.17t)]^{\frac{1}{2}}$
将平衡态 A 代入式（4-20）可以得到

$$\lambda_{1,2} = 0.005\,2 \pm 0.173\,5 \times 10^{-17} \sqrt{-0.700\,3 \times 10^{40} - 0.257\,8 \times 10^{42} \tilde{\Phi} - 0.554\,0 \times 10^{42} \tilde{\Phi}^2} \tag{4-28}$$

其中，$\tilde{\Phi} = 0.647\,5 \times 10^{-13} \tilde{\Psi}^{\frac{2}{3}} + 0.365\,2 \times 10^{14} - 1.551 \tilde{\Psi}^{\frac{1}{3}}$，$\tilde{\Psi} = -0.133\,9 \times 10^{41} + 0.110\,5 \times 10^{35} k_1 \cos(145.2t) + 0.147\,3 \times 10^{29} \times (-0.195\,8 \times 10^{21} - 0.136\,4 \times 10^{19} k_1 \cos(145.2t) + 0.562\,8 \times 10^{12} k_1^2 \cos^2(145.2t))^{\frac{1}{2}}$

由式（4-26）和 k_1 的取值可知，两个特征值是共轭复数，且实部大于零，因此平衡态 A 也是不稳定的焦点，在焦点附近形成的相图是不稳定的吸引子。

图 4-2 是 $M_0 = 0.000\,06$ NS 时系统的相图，系统的运动找不到规律，相轨迹杂乱无章的交在一起。当 $M_0 = 0.06$ NS 时，系统的相轨迹围绕中心向外不断等距扩展，呈发散状态，如图 4-3 所示。当 $M_0 = 600$ NS 时，系统的相轨迹呈现类似三角形区域，且向内收缩。可见，改变均布载荷，能明显地改变系统的相轨迹。图 4-5 为图 4-3 对应的时间响应，由图 4-5 可知随着时间的增大，振

幅越来越大，可见系统是发散的；图 4-6 为图 4-4 对应的时间响应，由图 4-6 可知随着时间的增大，振幅就越来越小，会稳定到在零附近的小区域内。

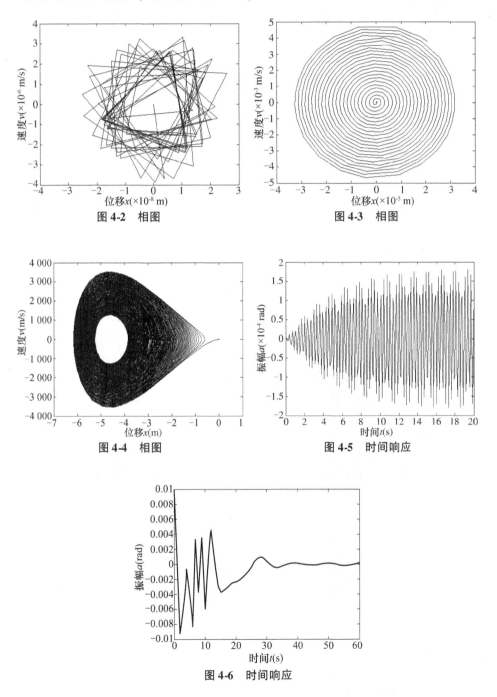

图 4-2　相图

图 4-3　相图

图 4-4　相图

图 4-5　时间响应

图 4-6　时间响应

由式(4-17)可以计算系统主共振的响应曲线，分析不同参数对响应曲线的影响。

图4-7为四种不同皮带总长时系统主共振的响应曲线，由此可知增大皮带总长可以增大系统主共振的振幅和共振区，同时滞后现象越来越弱。由图4-8可知，当增大皮带的立方非线性拉伸弹性参数时，系统的主共振曲线的跳跃和滞后现象不断减弱向非跳跃曲线过渡。图4-9为四种不同阻尼值时系统主共振的响应曲线，由图可知，增大阻尼可以减小系统主共振的振幅和共振区。图4-10为三种不同调谐值时系统主共振力幅响应曲线，由此可知，主共振力幅响应曲线具有跳跃和滞后现象，同时存在非跳跃曲线。图4-11为四种不同激励幅值时系统主共振的响应曲线，由图可知，增大激励幅值可以增大系统主共振的振幅和共振区。图4-12为振幅皮带横截面面积响应曲线，由图可知，增大皮带横截面面积可以减小系统主共振的振幅。图4-13为两种不同调谐值时振幅皮带的总长响应曲线，由图可知，系统主共振曲线具有跳跃和滞后现象，同时存在非跳跃曲线。图4-14为三种不同调谐值时系统主共振振幅阻尼响应曲线，由图可知，增大调谐值 σ 则振动幅值和共振区增大。参见文献[4]。

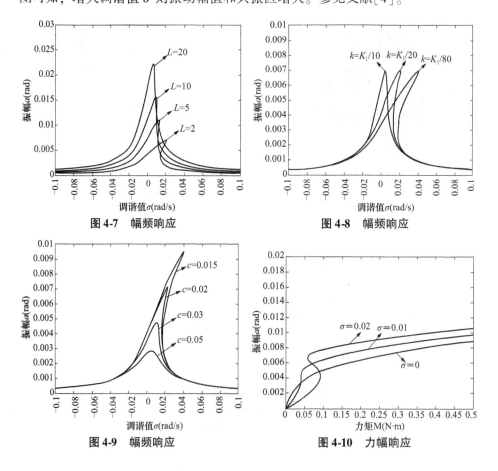

图4-7　幅频响应　　　　　　　　　图4-8　幅频响应

图4-9　幅频响应　　　　　　　　　图4-10　力幅响应

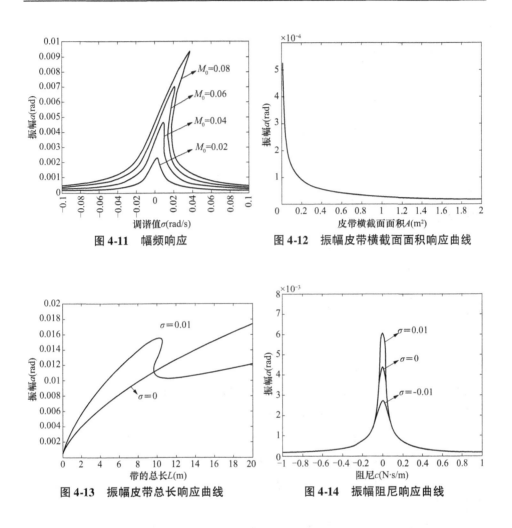

图 4-11　幅频响应

图 4-12　振幅皮带横截面面积响应曲线

图 4-13　振幅皮带总长响应曲线

图 4-14　振幅阻尼响应曲线

4.2　皮带机构的亚谐共振

　　产生 1/3 次亚谐共振的原因是系统具有立方非线性。若系统具有 n 次方非线性，则可能产生 $1/n$ 次亚谐共振。这种高频激励诱发低频振动的现象在工程中屡见不鲜。例如，1956 年，Lefschets 报道一驾飞机的螺旋桨激发机翼的 1/2 次共振，机翼共振又激发了尾翼的 1/4 次共振，以致飞机被破坏。避免上述危险是研究非线性振动的目的之一。因此，对皮带机构进行亚谐共振研究是非常必要的。

4.2.1 1/2 次亚谐共振

4.2.1.1 1/2 次亚谐的平均方程

利用多尺度法求解式(4-6)，设 1/2 次亚谐共振的一次近似解为

$$\alpha(t,\ \varepsilon) = \alpha_0(T_0,\ T_1) + \varepsilon\alpha_1(T_0,\ T_1) \tag{4-29}$$

再将式(4-29)代入式(4-6)，比较 ε 同次幂的系数得

$$D_0^2\alpha_0 + \omega_0^2\alpha_0 = k_1\cos\Omega t \tag{4-30}$$

$$D_0^2\alpha_1 + \omega_0^2\alpha_1 = -2D_0D_1\alpha_0 - 2\mu D_0\alpha_0 - k_2\alpha_0^2 - k_3\alpha_0^3 \tag{4-31}$$

方程式(4-30)的通解为

$$\alpha_0 = A(T_1)e^{j\omega_0 T_0} + Be^{j\Omega T_0} + cc \tag{4-32}$$

这里 $cc = \overline{A}(T_1)e^{-j\omega_0 T_0} + Be^{-j\Omega T_0}$ 为共轭项，其中

$$\left.\begin{array}{c} A(T_1) = \dfrac{a(T_1)}{2}e^{j\beta} \\[3mm] B = \dfrac{k_1}{2(\omega_0^2 - \Omega^2)} \end{array}\right\} \tag{4-33}$$

将式(4-33)代入式(4-31)得

$$\begin{aligned} D_0^2\alpha_1 + \omega_0^2\alpha_1 = &-\left[2j\omega_0(D_1A + \mu A) + 6k_3AB^2 + 3k_3A^2\overline{A}\right]e^{j\omega_0 T_0} - \\ &B\left[2jn\Omega + 3k_3B^2 + 6k_3A\overline{A}\right]e^{j\Omega T_0} - \\ &k_3\left[A^3e^{3j\omega_0 T_0} + B^3e^{3j\Omega T_0} + 3A^2Be^{j(2\omega_0 + \Omega)T_0} + 3\overline{A}^2Be^{-j(2\omega_0 - \Omega)T_0}\right] + \\ &3\overline{A}B^2e^{-j(\omega_0 - 2\Omega)T_0} + 3AB^2e^{j(\omega_0 + 2\Omega)T_0} - k_2\left[A^2e^{2j\omega_0 T_0} + B^2e^{2j\Omega T_0} + \right. \\ &2ABe^{j(\Omega + \omega_0)T_0} + 2\overline{A}Be^{j(\Omega - \omega_0)T_0} + A\overline{A} + B^2\right] + cc \end{aligned} \tag{4-34}$$

式中，符号 cc 表示共轭复数。

研究系统的 1/2 次亚谐共振，引入调谐参数 σ，由下式确定

$$\Omega = 2\omega_0 + \varepsilon\sigma, \qquad \sigma = o(1) \tag{4-35}$$

将式(4-35)代入式(4-34)得消除永年项的条件为

$$-\left[2j\omega_0(D_1A + \mu A) + 6k_3AB^2 + 3k_3A^2\overline{A} + 2k_2\overline{A}Be^{j\sigma T_1}\right] = 0 \tag{4-36}$$

将式(4-33)代入式(4-36)，分离实部和虚部，得到下列极坐标形式下的平均方程

$$\left\{\begin{array}{l} D_1a = -\mu a - \dfrac{k_2}{\omega_0}aB\sin(\sigma T_1 - 2\beta) \\[4mm] aD_1\beta = \dfrac{3k_3}{\omega_0}aB^2 + \dfrac{3k_3}{8\omega_0}a^3 + \dfrac{k_2}{\omega_0}aB\cos(\sigma T_1 - 2\beta) \end{array}\right. \tag{4-37}$$

令 $\sigma T_1 - 2\beta = \varphi$，上式变为

$$
\left.
\begin{aligned}
D_1 a &= -\mu a - \frac{k_2}{\omega_0} aB\sin\varphi \\
aD_1\varphi &= a\sigma - \frac{6k_3}{\omega_0} aB^2 - \frac{3k_3}{4\omega_0} a^3 - \frac{2k_2}{\omega_0} aB\cos\varphi
\end{aligned}
\right\}
\tag{4-38}
$$

相应的一次近似解为

$$
\alpha(t) = a(\varepsilon t)\cos\left[\frac{\Omega t - \varphi(\varepsilon t)}{2}\right] + \frac{k_1}{\omega_0^2 - \Omega^2}\cos\Omega t + O(\varepsilon)
\tag{4-39}
$$

式中，a 和 φ 由式(4-38)给出。

令 $D_1 a = 0$，$D_1\varphi = 0$，两式平方相加得到确定对应定常解的代数方程

$$
\left.
\begin{aligned}
4\mu^2 + \left(\sigma - \frac{6k_3}{\omega_0}B^2 - \frac{3k_3}{4\omega_0}a^2\right)^2 &= \left(\frac{2k_2 B}{\omega_0}\right)^2 \\
a &= 0
\end{aligned}
\right\}
\tag{4-40}
$$

$$
\varphi = \arctan\frac{2\mu}{-\sigma + \dfrac{6k_3}{\omega_0}B^2 + \dfrac{3k_3}{4\omega_0}a^2}
\tag{4-41}
$$

式(4-40)和式(4-41)为幅频响应方程和相频响应方程。

4.2.1.2　定常解稳定性

将方程式(4-38)在 (a, φ) 处线性化，形成关于扰动量 Δa 和 $\Delta\varphi$ 的自治微分方程

$$
\left.
\begin{aligned}
D_1\Delta a &= -\left(\mu + \frac{k_2}{\omega_0}B\sin\varphi\right)\Delta a - \frac{k_2}{\omega_0}Ba\cos\varphi\,\Delta\varphi \\
D_1\Delta\varphi &= -\frac{3k_3 a}{2\omega_0}\Delta a + \frac{2k_2}{\omega_0}B\sin\varphi\,\Delta\varphi
\end{aligned}
\right\}
\tag{4-42}
$$

消去式(4-42)中的 φ，得到

$$
\left.
\begin{aligned}
D_1\Delta a &= -\frac{a}{2}\left(\sigma - \frac{6k_3}{\omega_0}B^2 - \frac{3k_3}{4\omega_0}a^2\right)\Delta\varphi \\
D_1\Delta\varphi &= -\frac{3k_3 a}{2\omega_0}\Delta a - 2\mu\Delta\varphi
\end{aligned}
\right\}
\tag{4-43}
$$

得到式(4-43)关于特征根 λ 的特征方程

$$\det \begin{bmatrix} -\lambda & -\dfrac{a}{2}\left(\sigma - \dfrac{6k_3}{\omega_0}B^2 - \dfrac{3k_3}{4\omega_0}a^2\right) \\ -\dfrac{3k_3 a}{2\omega_0} & -2\mu - \lambda \end{bmatrix} = 0 \qquad (4\text{-}44)$$

展开得

$$\lambda^2 + 2\mu\lambda - \dfrac{3k_3 a^2}{4\omega_0}\left(\sigma - \dfrac{6k_3}{\omega_0}B^2 - \dfrac{3k_3}{4\omega_0}a^2\right) = 0 \qquad (4\text{-}45)$$

由于 $\mu > 0$，由条件 Routh-Hurwitz 判据可得定常解稳定的条件

$$-\dfrac{3k_3 a^2}{4\omega_0}\left(\sigma - \dfrac{6k_3}{\omega_0}B^2 - \dfrac{3k_3}{4\omega_0}a^2\right) > 0 \qquad (4\text{-}46)$$

即 $a^2 > \dfrac{4\omega_0}{3k_3}\left(\sigma - \dfrac{6k_3}{\omega_0}B^2\right)$。

4.2.1.3　数值分析

如无特殊声明，参数取值为：$E = 200$ MPa，$M_0 = 50$ N·m，$A = 405$ mm^2，$J_1 = 1.360\,884 \times 10^{-2}$ kg·m^2，$J_2 = 0.176\,333\,8$ kg·m^2，$d_1 = 125$ mm，$d_2 = 280$ mm，$a_{12} = 677.4$ mm，$c = 0.2$。由式(4-40)可以计算系统 1/2 次亚谐共振的响应曲线，下面分析不同参数对响应曲线的影响。

由图 4-15(a)可知，系统的幅频响应曲线存在两个分支解。由图 4-15(b)可知，当减小皮带的立方非线性拉伸弹性参数时，系统的 1/2 亚谐共振曲线的两支解之间趋于变宽，振幅变大。图 4-15(c)为两种不同阻尼值时系统主共振的响应曲线，由图可知，增大阻尼值可以减小系统的 1/2 亚谐共振区，同时上支解的振幅减小，下支解的振幅增大。图 4-15(d)为三种不同激励幅值时系统主共振的响应曲线，由图可知，增大激励幅值可以增大系统主共振的共振区，同时上支解的振幅减小，下支解的振幅增大。

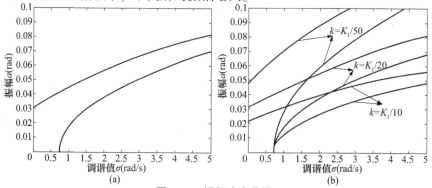

图 4-15　幅频响应曲线

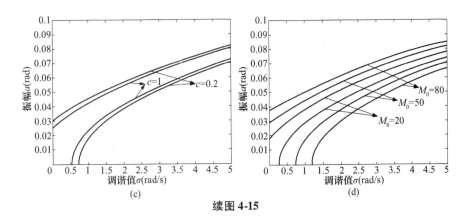

续图 4-15

图 4-16 为四种不同调谐值时系统 1/2 亚谐共振力幅响应曲线，由图可知，增大调谐值 σ 振动幅值增大，并且共振区间减小。图 4-17 为振幅皮带横截面面积响应曲线，由图可知，增大皮带横截面面积可以减小系统 1/2 亚谐共振的振幅。图 4-18 为四种不同调谐值时系统振幅皮带的总长响应曲线，由图可知，增大调谐值 σ 振动幅值增大，并且共振区间减小。图 4-19 为三种不同皮带总长时系统 1/2 亚谐共振的响应曲线，由图可知，增大皮带总长可以增大系统的振幅和共振区。

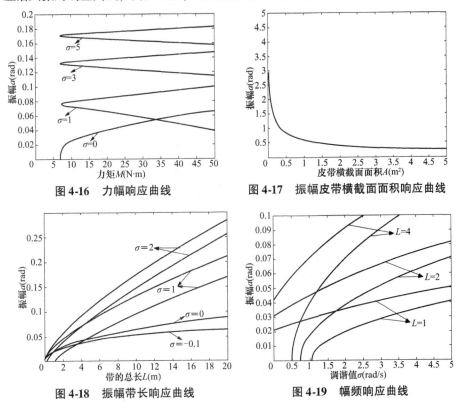

图 4-16　力幅响应曲线　　　　　图 4-17　振幅皮带横截面面积响应曲线

图 4-18　振幅带长响应曲线　　　　图 4-19　幅频响应曲线

4.2.2　1/3 次亚谐共振

4.2.2.1　1/3 次亚谐的平均方程

研究系统的 1/3 次亚谐共振，引入调谐参数 σ，由下式确定

$$\Omega = 3\omega_0 + \varepsilon\sigma, \qquad \sigma = o(1) \tag{4-47}$$

由式(4-34)得消除永年项的条件为

$$-\left[2j\omega_0(D_1 A + \mu A) + 6k_3 AB^2 + 3k_3 A^2\overline{A} + 3k_3\overline{A}^2 Be^{j\sigma T_1}\right] = 0 \tag{4-48}$$

将式 $A(T_1) = \dfrac{a(T_1)}{2}e^{j\beta}$、$\overline{A}(T_1) = \dfrac{a(T_1)}{2}e^{-j\beta}$ 代入式(4-48)，分离实部、虚部，得到下列极坐标形式的平均方程

$$\left.\begin{array}{l} D_1 a = -\mu a - \dfrac{3k_3 B}{4\omega_0}a^2\sin(\sigma T_1 - 3\beta) \\[3mm] aD_1\beta = \dfrac{3k_3 B^2}{\omega_0}a + \dfrac{3k_3}{8\omega_0}a^3 + \dfrac{3k_3 B}{4\omega_0}a^2\cos(\sigma T_1 - 3\beta) \end{array}\right\} \tag{4-49}$$

令 $\sigma T_1 - 3\beta = \varphi$，上式变为

$$\left.\begin{array}{l} D_1 a = -\mu a - \dfrac{3k_3 B}{4\omega_0}a^2\sin\varphi \\[3mm] aD_1\varphi = a\left(\sigma - \dfrac{9k_3 B^2}{\omega_0}\right) - \dfrac{9k_3}{8\omega_0}a^3 - \dfrac{9k_3 B}{4\omega_0}a^2\cos\varphi \end{array}\right\} \tag{4-50}$$

相应的一次近似解为

$$\alpha(t) = a(\varepsilon t)\cos\dfrac{\Omega t - \varphi(\varepsilon t)}{3} + \dfrac{k_1}{\omega_0^2 - \Omega^2}\cos\Omega t \tag{4-51}$$

4.2.2.2　定常解及其存在条件

令式(4-50)中 $D_1 a = 0$、$D_1\varphi = 0$，得到方程

$$\left.\begin{array}{l} \dfrac{3k_3 B}{4\omega_0}a^2\sin\varphi = -\mu a \\[3mm] \dfrac{9k_3 B}{4\omega_0}a^2\cos\varphi = a\left(\sigma - \dfrac{9k_3 B^2}{\omega_0}\right) - \dfrac{9k_3}{8\omega_0}a^3 \end{array}\right\} \tag{4-52}$$

由此消去 φ，得到 1/3 次亚谐共振的幅频响应方程

$$9\mu^2 + \left(\sigma - \dfrac{9k_3 B^2}{\omega_0} - \dfrac{9k_3}{8\omega_0}a^2\right)^2 = \left(\dfrac{9k_3 Ba}{4\omega_0}\right)^2 \tag{4-53}$$

这是关于 a^2 的二次代数方程，解出

$$a^2 = P \pm \sqrt{P^2 - Q} \tag{4-54}$$

其中：$P = \dfrac{8\omega_0\sigma}{9k_3} - 6B^2$，$Q = \left(\dfrac{8\omega_0}{9k_3}\right)^2\left[9\mu^2 + \left(\sigma - \dfrac{63k_3B^2}{8\omega_0}\right)^2\right] > 0$。

由于 $Q > 0$，式 (4-54) 取正解的条件是 $P > 0$ 且 $P^2 \geqslant Q$，由此得到，1/3 次亚谐共振的必要条件

$$B_2 < \frac{4\omega_0\sigma}{27k_3}, \qquad 2\mu \leqslant \frac{k_3B^2}{\omega_0}\left(\sigma - \frac{63k_3B^2}{8\omega_0}\right) \tag{4-55}$$

此处第一个不等式要求 $\sigma > 0$，这说明对于硬刚度系统，1/3 次亚谐共振发生在激励频率 Ω 略高于 $3\omega_0$ 的频段上。第二个不等式表明增加阻尼可破坏 1/3 次亚谐共振。当上述条件不满足时，方程式 (4-49) 只有定常解 $a = 0$。由式 (4-49) 可见，此时系统的一次近似响应与线性系统在远离共振频段的响应相同。

为了进一步讨论 1/3 次亚谐共振的必要条件，视式 (4-55) 中的 B^2 为未知量，解二次不等式得

$$\frac{27k_3B^2}{4\omega_0} < \sigma, \qquad \left|\frac{63k_3B^2}{4\omega_0} - \sigma\right| \leqslant \sqrt{\sigma^2 - 63\mu^2} \tag{4-56}$$

不难证明，上式中第二个不等式覆盖了第一个，从而成为 1/3 次亚谐共振存在的条件。该条件可以用原始参数表示为

$$\left|\frac{63k_3}{4\omega_0}\left(\frac{J_1M}{2(\omega_0^2 - \Omega^2)}\right)^2 - \sigma\right| \leqslant \sqrt{\sigma^2 - 63\mu^2} \tag{4-57}$$

根据该条件，图 4-20 给出了两种阻尼时产生 1/3 次亚谐共振时激励幅值 M_0 和调谐值 σ 的关系。显然，随着阻尼的增加，发生共振的区域缩小。图 4-21 是给定激励幅值下对应上述两种阻尼的幅频响应曲线。

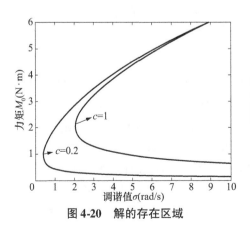

图 4-20　解的存在区域

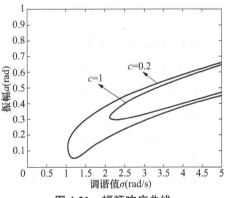

图 4-21　幅频响应曲线

4.2.2.3 定常解的稳定性

类似主共振定常解的稳定性分析，将方程式(4-49)在(a, φ)处线性化，形成关于扰动量Δa和$\Delta \varphi$的自治微分方程

$$\left. \begin{aligned} D_1 \Delta a &= -\left(\mu - \frac{3k_3 B}{2\omega_0} a\sin\varphi\right)\Delta a - \frac{3k_3 B}{4\omega_0} a^2 \cos\varphi \Delta\varphi \\ D_1 \Delta \varphi &= -\frac{9k_3}{4\omega_0}(a + B\cos\varphi)\Delta a + \frac{9k_3 B}{4\omega_0}\sin\varphi \Delta\varphi \end{aligned} \right\} \quad (4\text{-}58)$$

利用式(4-52)消去式(4-58)中的φ，得到

$$\left. \begin{aligned} D_1 \Delta a &= -3\mu - \frac{a}{3}\left(\sigma - \frac{9k_3}{8\omega_0}a^2 - \frac{9k_3 B^2}{\omega_0}a\right)\Delta\varphi \\ D_1 \Delta \varphi &= -\left(\frac{\sigma}{a} + \frac{9k_3}{8\omega_0}a - \frac{9k_3 B^2}{\omega_0 a}\right)\Delta a - \frac{3\mu}{a}\Delta\varphi \end{aligned} \right\} \quad (4\text{-}59)$$

得到式(4-59)关于特征根λ的特征方程

$$\det \begin{bmatrix} -3\mu - \lambda & -\frac{a}{3}\left(\sigma - \frac{9k_3}{8\omega_0}a^2 - \frac{9k_3 B^2}{\omega_0}a\right) \\ -\left(\frac{\sigma}{a} + \frac{9k_3}{8\omega_0}a - \frac{9k_3 B^2}{\omega_0 a}\right) & -\frac{3\mu}{a} - \lambda \end{bmatrix} = 0 \quad (4\text{-}60)$$

展开得

$$\lambda^2 + 6\mu\lambda + \mu^2 - \frac{1}{3}\left(\sigma - \frac{9k_3}{8\omega_0}a^2 - \frac{9k_3 B^2}{\omega_0}a\right)\left(\sigma + \frac{9k_3}{8\omega_0}a^2 - \frac{9k_3 B^2}{\omega_0}\right) = 0 \quad (4\text{-}61)$$

由于$\mu > 0$，由条件Routh-Hurwitz判据可得定常解稳定的条件

$$\mu^2 - \frac{1}{3}\left(\sigma - \frac{9k_3}{8\omega_0}a^2 - \frac{9k_3 B^2}{\omega_0}a\right)\left(\sigma + \frac{9k_3}{8\omega_0}a^2 - \frac{9k_3 B^2}{\omega_0}\right) > 0 \quad (4\text{-}62)$$

4.2.2.4 数值分析结果

如无特殊声明，参数取值为：$J_0 = 1.261 \times 10^{-2}$ kg·m^2，$J_1 = 1.360\ 884 \times 10^{-2}$ kg·m^2，$J_2 = 0.317\ 633\ 38$ kg·m^2，$E = 200$ MPa，$M_0 = 2 \times 10^5$ N·m，$A = 405$ mm^2，$d_1 = 125$ mm，$d_2 = 280$ mm，$a_{12} = 677.4$ mm，$c = 0.2$ N·s/m。由式(4-53)可以计算系统1/3亚谐共振的响应曲线，分析不同参数对响应曲线的影响。

由图4-22(a)可知，当减小皮带的立方非线性拉伸弹性参数时，系统的1/3亚谐共振曲线的振幅变大。当改变1/3亚谐共振的激励幅值M_0时，考虑振幅a和调谐值σ之间的关系，如图4-22(b)为三种不同激励幅值时系统主共振的响应曲线，由图可知，增大激励幅值可以增大系统

主共振的共振区，同时振幅减小。图 4-22（c）为四种不同皮带总长时系统 1/3 亚谐共振的响应曲线，由图可知，增大皮带总长可以增大系统的振幅。

图 4-23 为振幅—皮带横截面面积响应曲线，由图可知，增大皮带横截面面积可以减小系统 1/3 亚谐共振的振幅。当改变 1/3 亚谐共振的调谐值 σ 时，考虑振幅 a 和皮带总长 L 的关系，如图 4-24 为三种不同调谐值时系统振幅—皮带的总长响应曲线，由图可知，增大调谐值 σ 振动幅值增大，并且共振区间减小。当改变 1/3 亚谐共振的皮带总长 L 时，考虑振幅 a 和调谐值 σ 之间的关系，如图 4-25 为三种不同调谐值时系统 1/3 亚谐共振振幅阻尼响应曲线，由图可知，增大调谐值 σ 振动幅值和共振区增大。参见文献[5]。

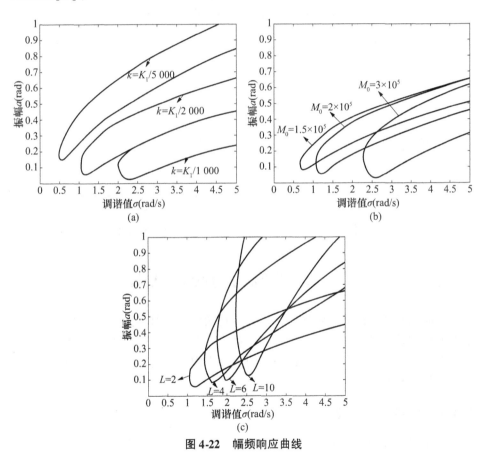

图 4-22　幅频响应曲线

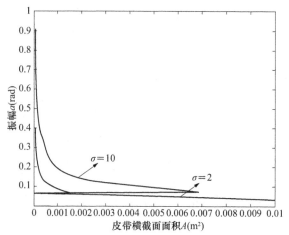

图 4-23　振幅皮带横截面面积响应曲线

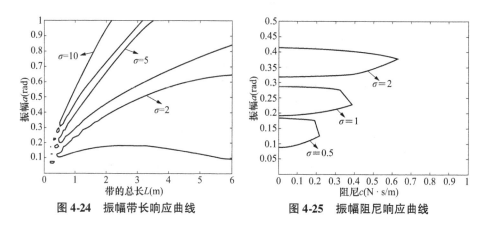

图 4-24　振幅带长响应曲线　　　　图 4-25　振幅阻尼响应曲线

4.3　皮带机构的超谐共振

当激励频率远离固有频率时，仍有某些激励频的取值会导致永年项。这种受迫振动的频率是固有频率的 $1/n$ 时，就会产生 n 次超谐共振。由于式（4-6）中含有平方非线性项和立方线性项，则皮带机构系统就可能产生 2 次超谐共振和 3 次超谐共振。

4.3.1　皮带机构的 2 次超谐共振

采用多尺度法，用时间尺度设超谐共振的一次近似解为

$$\alpha(t, \varepsilon) = \alpha_0(T_0, T_1) + \varepsilon\alpha_1(T_0, T_1) \tag{4-63}$$

将式（4-63）代入式（4-6），比较 ε 同次幂的系数得

$$D_0^2 \alpha_0 + \omega_0^2 \alpha_0 = k_1 \cos \Omega t \tag{4-64}$$

$$D_0^2 \alpha_1 + \omega_0^2 \alpha_1 = -2 D_0 D_1 \alpha_0 - 2\mu D_0 \alpha_0 - k_2 \alpha_0^2 - k_3 \alpha_0^3 \tag{4-65}$$

方程式(4-64)的通解为

$$\alpha_0 = A(T_1) e^{j\omega_0 T_0} + B e^{j\Omega T_0} + cc \tag{4-66}$$

这里 $cc = \bar{A}(T_1) e^{-j\omega_0 T_0} + B e^{-j\Omega T_0}$ 为共轭项，其中

$$\left. \begin{array}{l} A(T_1) = \dfrac{a(T_1)}{2} e^{j\beta} \\[3mm] B = \dfrac{k_1}{2(\omega_0^2 - \Omega^2)} \end{array} \right\} \tag{4-67}$$

将式(4-67)代入式(4-65)得

$$\begin{aligned} D_0^2 \alpha_1 + \omega_0^2 \alpha_1 = & -\left[2j\omega_0(D_1 A + \mu A) + 6k_3 A B^2 + 3k_3 A^2 \bar{A} \right] e^{j\omega_0 T_0} - \\ & B\left[2jn\Omega + 3k_3 B^2 + 6k_3 A\bar{A} \right] e^{j\Omega T_0} - \\ & k_3 \left[A^3 e^{3j\omega_0 T_0} + B^3 e^{3j\Omega T_0} + 3A^2 B e^{j(2\omega_0 + \Omega) T_0} + 3\bar{A}^2 B e^{-j(2\omega_0 - \Omega) T_0} + \right. \\ & \left. 3\bar{A} B^2 e^{-j(\omega_0 - 2\Omega) T_0} + 3A B^2 e^{j(\omega_0 + 2\Omega) T_0} \right] - k_2 \left[A^2 e^{2j\omega_0 T_0} + B^2 e^{2j\Omega T_0} + \right. \\ & \left. 2A B e^{j(\Omega + \omega_0) T_0} + 2\bar{A} B e^{j(\Omega - \omega_0) T_0} + A\bar{A} + B^2 \right] + cc \end{aligned} \tag{4-68}$$

式中，符号 cc 表示共轭复数。

研究系统的 2 次超谐共振，引入调谐参数 σ，由下式确定：

$$2\Omega = \omega_0 + \varepsilon\sigma, \qquad \sigma = o(1) \tag{4-69}$$

由式(4-68)得消除永年项的条件为

$$-\left[2j\omega_0(D_1 A + \mu A) + 6k_3 A B^2 + 3k_3 A^2 \bar{A} + k_2 B^2 e^{j\sigma T_1} \right] = 0 \tag{4-70}$$

将式 $A(T_1) = \dfrac{a(T_1)}{2} e^{j\beta}$、$\bar{A}(T_1) = \dfrac{a(T_1)}{2} e^{-j\beta}$ 代入式(4-70)，分离实部、虚部，得到下列极坐标形式的平均方程

$$\left\{ \begin{array}{l} D_1 a = -\mu a - \dfrac{k_2}{\omega_0} B^2 \sin(\sigma T_1 - \beta) \\[4mm] a D_1 \beta = \dfrac{3k_3}{\omega_0} a B^2 + \dfrac{3k_3}{8\omega_0} a^3 + \dfrac{k_2}{\omega_0} B^2 \cos(\sigma T_1 - \beta) \end{array} \right. \tag{4-71}$$

令 $\sigma T_1 - \beta = \varphi$，上式变为

$$\left\{ \begin{array}{l} D_1 a = -\mu a - \dfrac{k_2}{\omega_0} a B \sin\varphi \\[4mm] a D_1 \varphi = a\left(\sigma - \dfrac{3k_3}{\omega_0} B^2 \right) - \dfrac{3k_3}{8\omega_0} a^3 - \dfrac{k_2}{\omega_0} B^2 \cos\varphi \end{array} \right. \tag{4-72}$$

令 $D_1 a = 0$，$D_1 \varphi = 0$，得到方程

$$\begin{cases} \dfrac{k_2}{\omega_0} B^2 \sin\varphi = -\mu a \\[3mm] \dfrac{k_2}{\omega_0} B^2 \cos\varphi = a \left(\sigma - \dfrac{3k_3}{\omega_0} B^2 \right) - \dfrac{3k_3}{8\omega_0} a^3 \end{cases} \tag{4-73}$$

式（4-73）中的两式平方相加得到：

$$\left. \begin{aligned} \left[\mu^2 + \left(\sigma - \dfrac{3k_3}{\omega_0} B^2 - \dfrac{3k_3}{8\omega_0} a^2 \right)^2 \right] a^2 &= \left(\dfrac{k_2 B^2}{\omega_0} \right)^2 \\[3mm] \varphi = \arctan \dfrac{\mu}{-\sigma + \dfrac{3k_3}{\omega_0} B^2 + \dfrac{3k_3}{8\omega_0} a^2} \end{aligned} \right\} \tag{4-74}$$

上式为幅频响应方程和相频响应方程。

　　如无特殊声明，参数取值为：$E = 200$ MPa，$M_0 = 1\ 000$ N·m，$A = 405$ mm²，$d_1 = 125$ mm，$d_2 = 280$ mm，$J_1 = 1.360\ 884 \times 10^{-2}$ kg·m²，$J_2 = 0.176\ 333\ 8$ kg·m²，$a_{12} = 677.4$ mm，$c = 1$。由式（4-74）可以计算系统 2 次超谐共振的响应曲线，分析不同参数对响应曲线的影响。

　　图 4-26（a）为四种不同皮带总长时系统 2 次超谐共振的响应曲线，由图 4-26 可知，增大皮带总长可以增大系统 2 次超谐共振的振幅和共振区，同时滞后现象越来越弱。由图 4-26（b）可知，当增大皮带的立方非线性拉伸弹性参数时，系统的 2 次超谐共振曲线的跳跃和滞后现象不断减弱向非跳跃曲线过渡。当改变 2 次超谐共振的阻尼值 c 时，考虑振幅 a 和调谐值 σ 之间的关系。图 4-26（c）为三种不同阻尼值时系统 2 次超谐共振的响应曲线。由图可知，增大阻尼值可以减小系统 2 次超谐共振的振幅和共振区，可以有效控制振动。当改变 2 次超谐共振的调谐值 σ 时，考虑振幅 a 和激励幅值 M_0 之间的关系。图 4-26（d）为三种不同激励幅值时系统 2 次超谐共振的响应曲线。由图可知，增大激励幅值可以增大系统 2 次超谐共振的振幅和共振区。

　　图 4-27 为三种不同调谐值时系统 2 次超谐共振振幅阻尼响应曲线，由图可知，增大调谐值 σ 振动幅值和共振区增大。当改变 2 次超谐共振的激励幅值 M_0 时，考虑振幅 a 和调谐值 σ 之间的关系。图 4-28 为振幅皮带横截面面积响应曲线，由图可知，增大皮带横截面面积可以减小系统 2 次超谐共振的振幅。当改变 2 次超谐共振的调谐值 σ 时，考虑振幅 a 和皮带总长 L 的关系。图 4-29 为两种不同调谐值时振幅皮带的总长响应曲线，由图可知，2 次超谐共振曲线具有跳跃和滞后现象，同时存在非跳跃曲线。

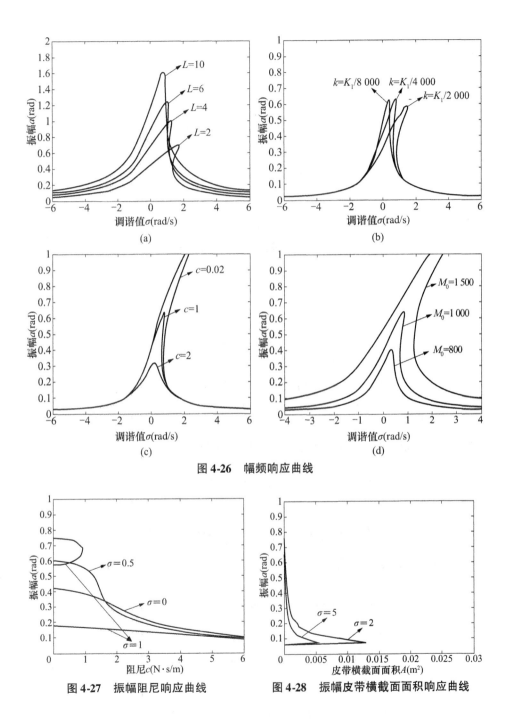

图 4-26　幅频响应曲线

图 4-27　振幅阻尼响应曲线　　　图 4-28　振幅皮带横截面面积响应曲线

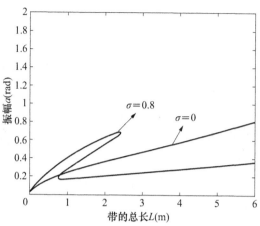

图 4-29　振幅皮带的总长响应曲线

4.3.2　皮带机构的 3 次超谐共振

研究系统的 3 次超谐共振，引入调谐参数 σ，由下式确定

$$3\Omega = \omega_0 + \varepsilon\sigma, \qquad \sigma = o(1) \tag{4-75}$$

由式(4-68)得消除永年项的条件为

$$-\left[2j\omega_0(D_1 A + \mu A) + 6k_3 AB^2 + 3k_3 A^2\overline{A} + k_3 B^3 e^{j\sigma T_1}\right] = 0 \tag{4-76}$$

将式 $A(T_1) = \dfrac{a(T_1)}{2}e^{j\beta}$、$\overline{A}(T_1) = \dfrac{a(T_1)}{2}e^{-j\beta}$ 代入式(4-76)，分离实部、虚部，得到下列极坐标形式的振幅 a 和相位 β 微分方程

$$\left.\begin{aligned} D_1 a &= -\mu a - \frac{k_3 B^3}{\omega_0}\sin(\sigma T_1 - \beta) \\[2ex] aD_1\beta &= \frac{3k_3}{8\omega_0}a^3 + \frac{3k_3 B^2}{\omega_0}a + \frac{k_3 B^3}{\omega_0}\cos(\sigma T_1 - \beta) \end{aligned}\right\} \tag{4-77}$$

令 $\sigma T_1 - \beta = \varphi$，上式变为

$$\left.\begin{aligned} D_1 a &= -\mu a - \frac{k_3 B^3}{\omega_0}\sin\varphi \\[2ex] aD_1\varphi &= a\left(\sigma - \frac{3k_3 B^2}{\omega_0}\right) - \frac{3k_3}{8\omega_0}a^3 - \frac{k_3 B^3}{\omega_0}\cos\varphi \end{aligned}\right\} \tag{4-78}$$

相应的一次近似解

$$\alpha(t) = a(\varepsilon t)\cos(3\Omega t - \varphi(\varepsilon t)) + \frac{k_1}{\omega_0^2 - \Omega^2}\cos\Omega t \tag{4-79}$$

令式(4-78)中 $D_1a = 0$，$D_1\varphi = 0$，得到确定对应定常解的代数方程

$$\begin{cases} \dfrac{k_3 B^3}{\omega_0}\sin\varphi = -\mu a \\[3mm] \dfrac{k_3 B^3}{\omega_0}\cos\varphi = a\left(\sigma - \dfrac{3k_3 B^2}{\omega_0}\right) - \dfrac{3k_3}{8\omega_0}a^3 \end{cases} \tag{4-80}$$

将式(4-80)中的两项平方相加消去 φ，得到 3 次超谐共振的幅频响应方程

$$\left[\mu^2 + \left(\sigma - \dfrac{3k_3 B^2}{\omega_0} - \dfrac{3k_3}{8\omega_0}a^2\right)^2\right]a^2 = \left(\dfrac{k_3 B^3}{\omega_0}\right)^2 \tag{4-81}$$

从式(4-81)中解出 σ 为 a 的函数，得

$$\sigma = \dfrac{3k_3 B^2}{\omega_0} + \dfrac{3k_3}{8\omega_0}a^2 \pm \sqrt{\left(\dfrac{k_3 B^3}{\omega_0 a}\right)^2 - \mu^2} \tag{4-82}$$

与线性情况不同，尽管存在着正阻尼，在 $3\Omega \approx \omega_0$ 时的自由振动并不衰减到零，而且非线性性质调整了自由振动的频率，使之精确地 3 倍于激励频率，从而响应成为周期的。

如无特殊声明，参数取值为：$E = 200$ MPa，$M_0 = 5 \times 10^4$ N·m，$A = 405$ mm^2，$J_1 = 1.360\ 884 \times 10^{-2}$ kg·m^2，$J_2 = 0.176\ 333\ 8$ kg·m^2，$d_1 = 125$ mm，$d_2 = 280$ mm，$a_{12} = 677.4$ mm，$c = 1$。由式(4-81)可以计算系统 3 次超谐共振的响应曲线，分析不同参数对响应曲线的影响。

图 4-30(a)为三种不同皮带总长时系统 3 次超谐共振的响应曲线，由图可知，增大皮带总长可以增大系统 3 次超谐共振的振幅和共振区，同时滞后和跳跃现象越来越强。由图 4-30(b)可知，当减小皮带的立方非线性拉伸弹性参数时，系统的 3 次超谐共振曲线的跳跃和滞后现象不断减弱向非跳跃曲线过渡。图 4-30(c)为三种不同阻尼值时系统 3 次超谐共振的响应曲线，由图可知，增大阻尼值可以减小系统 3 次超谐共振的振幅和共振区，阻尼值的增大可有效控制振动幅值。图 4-30(d)为三种不同激励幅值时系统 3 次超谐共振的响应曲线，由图可知，增大激励幅值可以增大系统 3 次超谐共振的振幅和共振区。图 4-31 为三种不同调谐值时系统 3 次超谐共振振幅阻尼响应曲线，由图可知，增大调谐值 σ 则振动幅值和共振区增大。图 4-32 为三种不同调谐值时振幅带长响应曲线，由图可知，系统 3 次超谐共振曲线具有跳跃和滞后现象，同时存在非跳跃曲线。参见文献[6]。

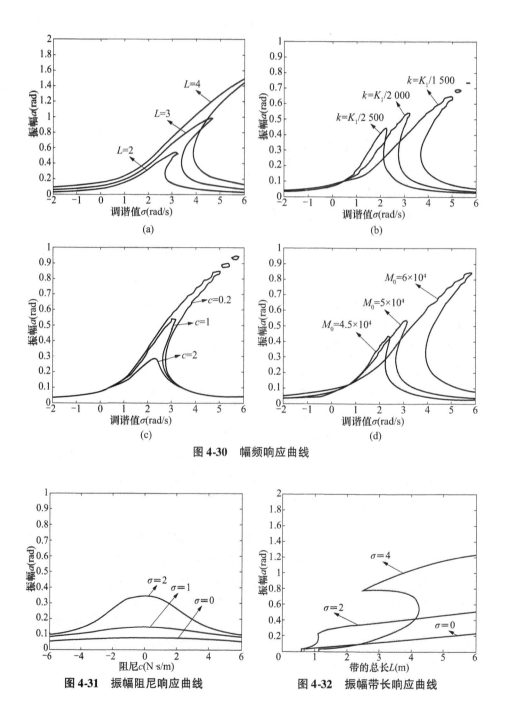

图 4-30　幅频响应曲线

图 4-31　振幅阻尼响应曲线　　　　　　图 4-32　振幅带长响应曲线

4.4　主共振的一、二次近似解对比分析

多尺度法可以将时间尺度划分得更加精细，不仅能计算周期运动，而且能计算耗散系统的衰减振动。不同的时间尺度描述变化过程的不同节奏，阶数愈低，变化愈慢，阶数愈高，变化愈迅速。

4.4.1　主共振二次近似解

研究系统的主共振二次近似解，引入调谐参数 σ，由下式确定

$$\Omega = \omega_0 + \varepsilon^2 \sigma, \quad \sigma = o(1) \tag{4-83}$$

认为阻尼项、平方非线性刚度项、立方非线性刚度项、外激励项与 ε^2 同量级，平方非线性刚度项与 ε 同量级，则式(3-6)整理成如下形式

$$\ddot{\alpha} + \omega_0^2 \alpha = -2\varepsilon^2 \mu \dot{\alpha} - \varepsilon k_2 \alpha^2 - \varepsilon^2 k_3 \alpha^3 + \varepsilon^2 k_1 \cos(\Omega t) \tag{4-84}$$

利用多尺度法求解式(4-84)，首先引入时间尺度 $T_0 = t$，$T_1 = \varepsilon t$，$T_2 = \varepsilon^2 t$，ε 是小参数，主共振的二次近似解为

$$\alpha(t, \varepsilon) = \alpha_0(T_0, T_1, T_2) + \varepsilon \alpha_1(T_0, T_1, T_2) + \varepsilon^2 \alpha_2(T_0, T_1, T_2) \tag{4-85}$$

将式(4-83)和式(4-85)代入式(4-84)，比较 ε 同次幂的系数得

$$D_0^2 \alpha_0 + \omega_0^2 \alpha_0 = 0 \tag{4-86}$$

$$D_0^2 \alpha_1 + \omega_0^2 \alpha_1 = -2D_0 D_1 \alpha_0 - k_2 \alpha_0^2 \tag{4-87}$$

$$D_0^2 \alpha_2 + \omega_0^2 \alpha_2 = -2D_0 D_1 \alpha_1 - 2D_0 D_2 \alpha_0 - 2D_1^2 \alpha_0 - \mu D_0 \alpha_0 -$$
$$2k_2 \alpha_0 \alpha_1 - k_3 \alpha_0^3 + k_1 \cos(\omega_0 T_0 + \sigma T_1) \tag{4-88}$$

其中，D_n 对应的是 $T_n(n = 0, 1, 2)$ 求偏导的运算符号，派生解根据方程式(4-86)设为

$$\alpha_0 = A(T_1) e^{i\omega_0 T_0} + \bar{A}(T_1) e^{-i\omega_0 T_0} \tag{4-89}$$

将式(4-89)代入式(4-87)可得

$$D_0^2 \alpha_1 + \omega_0^2 \alpha_1 = -2i\omega_0 D_1 e^{i\omega_0 T_0} - k_2 \left[A^2 e^{2i\omega_0 T_0} + A\bar{A} \right] + cc \tag{4-90}$$

从式(4-90)中消除产生永年项的一次谐波项得 $D_1 A = 0$。式(4-90)的解是

$$\alpha_1 = \frac{k_2}{3\omega_0^2} (A^2 e^{2i\omega_0 T_0} + \bar{A}^2 e^{-2i\omega_0 T_0} - 6A\bar{A}) \tag{4-91}$$

把 α_0、α_1 代入式(4-88)可得

$$D_0^2\alpha_2 + \omega_0^2\alpha_2 = \left[-2i\omega_0(D_2 A + \mu A) + (10k_2^2 - 9k_3)\frac{A^2\overline{A}}{3} + \frac{k_1}{2}e^{i\sigma T_2} \right] e^{i\omega_0 T_0} + cc + NST$$

$$(4\text{-}92)$$

这里，NST 代表含 $\exp(\pm 3i\omega_0 T_0)$ 的三次谐波项，消除 α_2 的永年项的条件是

$$-2i\omega_0(D_2 A + \mu A) + (10k_2^2 - 9k_3)\frac{A^2\overline{A}}{3} + \frac{k_1}{2}e^{i\sigma T_2} = 0 \qquad (4\text{-}93)$$

将 A 表示成如下形式

$$A(T_1) = \frac{a(T_1)}{2}e^{j\beta}, \quad \overline{A}(T_1) = \frac{a(T_1)}{2}e^{-j\beta} \qquad (4\text{-}94)$$

将式(4-94)代入式(4-93)，分离实部、虚部，得到下列极坐标形式的平均方程

$$\left.\begin{aligned}
D_2 a &= -\mu a + \frac{k_1}{2\omega_0}\sin(\sigma T_2 - \beta) \\
aD_2\beta &= -(10k_2^2 - 9k_3\omega_0^2)\frac{a^3}{24\omega_0^3} - \frac{k_1}{2\omega_0}\cos(\sigma T_2 - \beta)
\end{aligned}\right\} \qquad (4\text{-}95)$$

令 $\sigma T_2 - \beta = \varphi$，上式变为

$$\left.\begin{aligned}
D_2 a &= -\mu a + \frac{k_1}{2\omega_0}\sin\varphi \\
aD_2\varphi &= \sigma a + (10k_2^2 - 9k_3\omega_0^2)\frac{a^3}{24\omega_0^3} + \frac{k_1}{2\omega_0}\cos\varphi
\end{aligned}\right\} \qquad (4\text{-}96)$$

相应的二次近似解为

$$\alpha(t) = a(\varepsilon t)\cos(\Omega t - \varphi(\varepsilon t)) + \varepsilon\frac{k_2 a^2}{24\omega_0^2}\left[\cos 2(\Omega t - \varphi(\varepsilon t)) - 6\right] \quad (4\text{-}97)$$

令 $D_2 a = 0$、$aD_2\varphi = 0$，两式平方相加得到

$$\left.\begin{aligned}
a^2\left[\mu^2 + \left(\frac{10k_2^2 - 9k_3\omega_0^2}{24\omega_0^3}a^2 + \sigma\right)^2\right] &= \left(\frac{k_1}{2\omega_0}\right)^2 \\
\varphi &= \arctan\frac{-\mu}{\dfrac{10k_2^2 - 9k_3\omega_0^2}{24\omega_0^3}a^2 + \sigma}
\end{aligned}\right\} \qquad (4\text{-}98)$$

上式为幅频响应方程和相频响应方程。

主共振定常解的稳定性就是自治系统在定常解(a,φ)（即奇点）处的稳定性。因此，采用 Routh-Hurwitz 判据来分析主共振的稳定性。

将方程式(4-96)在(a,φ)处线性化，形成关于扰动量 Δa 和 $\Delta\varphi$ 的自治微

分方程

$$
\begin{cases}
D_2 \Delta a = -\mu \Delta a + \dfrac{k_1}{2\omega_0} \cos\varphi \Delta\varphi \\[3mm]
D_2 \Delta\varphi = (10k_2^2 - 9k_3\omega_0^2)\dfrac{a}{12\omega_0^3}\Delta a - \dfrac{k_1}{2\omega_0 a}\sin\varphi \Delta\varphi
\end{cases}
\tag{4-99}
$$

消去式(4-99)中的 φ，得到

$$
\begin{cases}
D_2 \Delta a = -\mu \Delta a - \left(\sigma + (10k_2^2 - 9k_3\omega_0^2)\dfrac{a^2}{24\omega_0^3}\right)\Delta\varphi \\[3mm]
D_2 \Delta\varphi = (10k_2^2 - 9k_3\omega_0^2)\dfrac{a}{12\omega_0^3}\Delta a - \mu \Delta\varphi
\end{cases}
\tag{4-100}
$$

得到特征方程

$$
\det \begin{bmatrix}
-\mu - \lambda & -\left(\sigma + (10k_2^2 - 9k_3\omega_0^2)\dfrac{a^2}{24\omega_0^3}\right) \\[5mm]
(10k_2^2 - 9k_3\omega_0^2)\dfrac{a}{12\omega_0^3} & -\mu - \lambda
\end{bmatrix} = 0
\tag{4-101}
$$

展开得

$$
\lambda^2 + 2\mu\lambda + \mu^2 + (10k_2^2 - 9k_3\omega_0^2)\dfrac{a}{12\omega_0^3}\left(\sigma + (10k_2^2 - 9k_3\omega_0^2)\dfrac{a^2}{24\omega_0^3}\right) = 0
$$

$$
\tag{4-102}
$$

由于 $\mu > 0$，由条件 Routh-Hurwitz 判据可得定常解稳定的条件

$$
\mu^2 + (10k_2^2 - 9k_3\omega_0^2)\dfrac{a}{12\omega_0^3}\left(\sigma + (10k_2^2 - 9k_3\omega_0^2)\dfrac{a^2}{24\omega_0^3}\right) < 0
\tag{4-103}
$$

4.4.2　主共振一次近似解

研究主共振的一次近似解引入

$$
\Omega = \omega_0 + \varepsilon\sigma, \qquad \sigma = o(1)
$$

经过一系列的推导可得到幅频响应方程

$$
a^2\left[\mu^2 + \left(\dfrac{3k_3}{8\omega_0}a^2 - \sigma\right)^2\right] = \left(\dfrac{k_1}{2\omega_0}\right)^2
\tag{4-104}
$$

4.4.3　主共振一次近似解、二次近似解对比分析

(1)设解不同。

一次设解为 $\Omega = \omega_0 + \varepsilon\sigma$；二次设解为 $\Omega = \omega_0 + \varepsilon^2\sigma$。

（2）二次项处理相同。

均为 $\varepsilon k_2 \alpha^2$，与 ε 同量级。

（3）弱非线性项处理不同。

$$\text{一次}\begin{cases} -2\varepsilon\mu\dot{\alpha} \\ -\varepsilon k_3\alpha \\ \varepsilon k_1\cos\Omega t \end{cases} \qquad \text{二次}\begin{cases} -2\varepsilon^2\mu\dot{\alpha} \\ -\varepsilon^2 k_3\alpha \\ \varepsilon^2 k_1\cos\Omega t \end{cases}$$

（4）稳定性不同。

（5）幅频响应不同。

因为式（4-98）和式（4-104）具有相同的形式，所以只要将式（4-98）中的 $\dfrac{10k_2^2 - 9k_3\omega_0^2}{24\omega_0^3}$ 看成 $\dfrac{3k_3}{8\omega_0}$ 就可以了。当 $k_3 = 0$ 时，$a < 0$，所以不管 k_2 的正负号如何，平方非线性起软弹簧的作用，将频率响应曲线向低频方向弯曲。因而如果不是有 $\dfrac{10k_2^2 - 9k_3\omega_0^2}{24\omega_0^3} > 0$，那么总的非线性属于软弹簧性质。当 $\dfrac{10k_2^2 - 9k_3\omega_0^2}{24\omega_0^3} = 0$ 时，那么一次近似为止。非线性性质对响应没有影响，因为平方非线性和立方非线性的作用彼此抵消。当 $\dfrac{10k_2^2 - 9k_3\omega_0^2}{24\omega_0^3} < 0$ 时，立方非线性起硬弹簧的作用。

偶数幂次的非线性项会引起漂移或平稳流动，存在漂移项 $\varepsilon\dfrac{k_2 a^2}{24\omega_0^2}$，表示振动的中心不在 $a = 0$ 的地方。

4.4.4　数值分析结果

由式（4-98）可以计算系统主共振的响应曲线，分析不同参数对响应曲线的影响。如无特殊声明，参数取值为：$J_1 = 0.026\ 218\ 84\ \text{kg} \cdot \text{m}^2$，$J_2 = 0.176\ 333\ 8\ \text{kg} \cdot \text{m}^2$，$E = 200\ \text{MPa}$，$M_0 = 400\ \text{N} \cdot \text{m}$，$A = 405\ \text{mm}^2$，$d_1 = 125\ \text{mm}$，$d_2 = 280\ \text{mm}$，$a = 677.4\ \text{mm}$，$c = 3\ \text{N} \cdot \text{s/m}$。

图 4-33 为三种不同阻尼值时系统主共振的响应曲线，由图可知，增大阻尼可以减小系统主共振的振幅和共振区。图 4-34 为三种不同激励幅值时系统主共振的响应曲线，由图可知，增大激励幅值可以增大系统主共振的振幅和共振区。图 4-35 为三种不同皮带总长时系统主共振的响应曲线，由图可知，增大皮带总长可以增大系统主共振的振幅和共振区，同时滞后现象越来越弱。图 4-36 为三种不同弹性模量时扭转共振的响应曲线，由图可知，增大弹性模量可以减小扭转共振的振幅和共振区，同时滞后现象也明显了。图 4-37 为四

种不同主动轮转动惯量时扭转共振的响应曲线，由图可知，增大主动轮转动惯量可以增大扭转共振的振幅和共振区，同时滞后现象越来越弱，并且出现了曲线偏向的不同。图 4-38 为三种不同从动轮转动惯量时扭转共振的响应曲线，由图可知，增大从动轮转动惯量可以增大扭转共振的振幅和共振区，同时滞后现象越来越明显。图 4-39 为三种不同主动轮半径时扭转共振的响应曲线，由图可知，增大主动轮半径可以减小扭转共振的振幅和共振区，同时滞后现象越来越明显。图 4-40 为三种不同从动轮半径时扭转共振的响应曲线，由图可知，增大从动轮半径可以减小扭转共振的振幅和共振区，同时跳跃现象越来越弱。图 4-41 为三种不同调谐值时系统主共振振幅阻尼响应曲线，由图可知，增大调谐值 σ 振动幅值和共振区减小。图 4-42 为三种不同调谐值时振幅—皮带的总长响应曲线，由图可知，系统主共振曲线具有跳跃和滞后现象，同时存在非跳跃曲线。

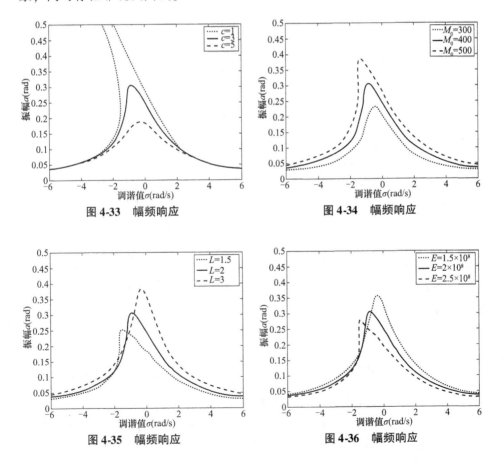

图 4-33　幅频响应　　　　图 4-34　幅频响应

图 4-35　幅频响应　　　　图 4-36　幅频响应

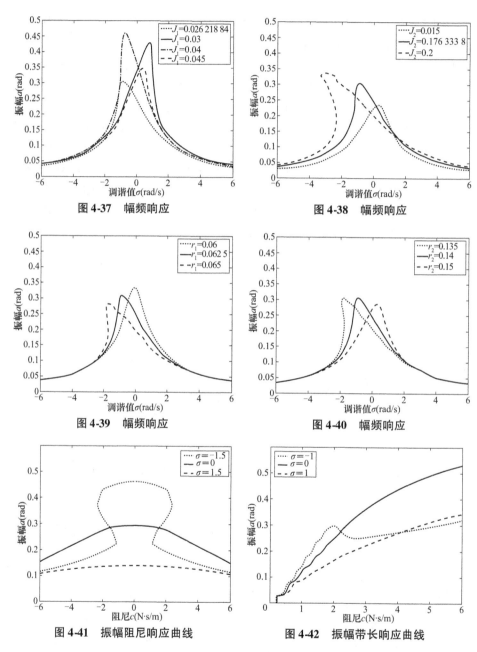

图 4-37　幅频响应

图 4-38　幅频响应

图 4-39　幅频响应

图 4-40　幅频响应

图 4-41　振幅阻尼响应曲线

图 4-42　振幅带长响应曲线

图 4-43 为系统主共振的一次近似解和二次近似解的对比图，图 4-44 为三种不同阻尼值时系统主共振的响应曲线，由图可知，增大阻尼值可以减小系统主共振的振幅和共振区，一次近似解和二次近似解随阻尼值的变化同时变化。由图 4-43、图 4-44 可知一次近似解表现为硬弹簧特性，二次近似解

表现为软弹簧特性。由定常解得幅频响应方程可知，一次近似时方程中不含平方非线性项 k_2，二次近似时方程中出现了平方非线性项 k_2，通过 k_2 的调节可改变曲线的跳跃取值空间。通过对数值的调整，可以出现如图 4-43 所示的对称现象。

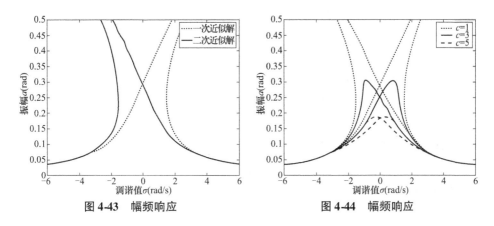

图 4-43　幅频响应　　　　　　　　图 4-44　幅频响应

对皮带驱动机构的的运动微分方程进行分析，得到主共振系统二次近似解的常微分方程。分析刚度、外激励、调谐值等参数变化的影响，得到一些幅频响曲线。用数值方法说明了相关参数对频率响应的影响。系统主共振响应曲线具有跳跃和滞后现象，同时存在非跳跃曲线。阻尼对主共振振幅有抑制作用。系统主共振的振幅随着皮带总长的增加不断增大，并且存在跳跃和滞后现象。分析了一次近似解和二次近似解对曲线的影响，发现当考虑平方、立方非线性时，对于硬刚度条件系统的主共振，一次近似解幅频响应曲线呈硬刚度特性；而二次近似解的幅频响应曲线呈软刚度特性。参见文献[7]。

4.5　强非线性的共振分析

当皮带机构的振动为强非线性时，要想准确分析其动力学行为，就需要应用强非线性分析方法。强非线性振动方法有能量法、改进的 LP 方法、改进的多吃的、广义平均法、MLP 方法、椭圆函数法等。利用分析强非线性的 LMP 法对皮带驱动系统的主共振进行分析，给出相关结构参数与性能参数的改变对系统的振动幅值的影响。

4.5.1　强非线性主共振幅频响应方程

当系统参数改变时，式(4-6)中非线性项的系数非常大时，此系统就为强

非线性系统。将式中强非线性的系数提出为 ε，可得方程

$$\ddot{\alpha} + \omega_0^2 \alpha + \varepsilon(2\mu\dot{\alpha} + k_2\alpha^2 + k_3\alpha^3 - k_1\cos\Omega t) = 0 \tag{4-105}$$

考虑频率和相位变化关系，令

$$\tau = \omega t - \theta, \quad K = k_1\cos\theta, \quad H = k_1\sin\theta \tag{4-106}$$

将式(4-106)带入式(4-105)可化为

$$\omega^2\ddot{\alpha}(\tau) + \omega_0^2\alpha(\tau) + \varepsilon(2\mu\omega\dot{\alpha}(\tau) + k_2\alpha^2(\tau) + k_3\alpha^3(\tau)) = K\cos\tau - H\sin\tau \tag{4-107}$$

主共振是由比较小的外激励引起的，将外激励小参数化为

$$\omega^2\ddot{\alpha}(\tau) + \omega_0^2\alpha(\tau) + \varepsilon(2\mu\omega\dot{\alpha}(\tau) + k_2\alpha^2(\tau) + k_3\alpha^3(\tau)) = \varepsilon K\cos\tau - \varepsilon H\sin\tau \tag{4-108}$$

令 ω^2 有关于 ε 的展开的级数关系

$$\omega^2 = \omega_0^2 + \varepsilon\omega_1 + \varepsilon^3\omega_2 + \cdots \tag{4-109}$$

引入变换参数

$$\beta = \frac{\varepsilon\omega_1}{\omega_0^2 + \varepsilon\omega_1} \tag{4-110}$$

由上式可得

$$\varepsilon = \frac{\beta\omega_0^2}{(1-\alpha)\omega_1} \tag{4-111}$$

将上式代入式(4-109)有

$$\omega^2 = \frac{\omega_0^2}{1-\beta}(1 + \delta_2\beta + \delta_3^3\beta^3 + \cdots) \tag{4-112}$$

利用泰勒公式对式(4-112)进行近似得

$$\omega = \omega_0\left[1 + \frac{\beta}{2} + \left(\frac{3}{8} + \frac{\delta_2}{2}\right)\beta^2 + \cdots\right] \tag{4-113}$$

设 $\alpha(\tau)$ 可展开为关于 β 的级数形式

$$\alpha(\tau) = \alpha_0(\tau) + \beta\alpha_1(\tau) + \beta^2\alpha_2(\tau) + \cdots \tag{4-114}$$

将式(4-109)~式(4-114)代入式(4-108)中得

$$\frac{\omega_0^2}{1-\beta}(1 + \delta_2\beta + \delta_3^3\beta^3 + \Lambda)\ddot{\alpha}(\tau) + \omega_0^2\alpha(\tau) + \frac{\beta\omega_0^2}{(1-\beta)\omega_1}$$

$$\left(2\omega_0\mu(1 + \frac{\beta}{2} + \left(\frac{3}{8} + \frac{\delta_2}{2}\right)\beta^2 + \Lambda)\dot{u}(\tau) + k_2\alpha^2(\tau) + k_3\alpha^3(\tau)\right) -$$

$$\frac{\beta\omega_0^2}{(1-\beta)\omega_1}(K\cos\tau - H\sin\tau) = 0 \tag{4-115}$$

将上式展开并比较关于 β 的次幂得

关于 β^{0}：

$$\ddot{\alpha}_{0}(\tau) + \alpha_{0}(\tau) = 0 \tag{4-116}$$

关于 β^{1}：

$$\ddot{u}_{1}(\tau) + \beta_{1}(\tau) = \beta_{0} - \frac{1}{\omega_{1}}[2\mu\omega_{0}\dot{\alpha}_{0}(\tau) + k_{2}\alpha_{0}^{2}(\tau) + k_{2}\alpha_{0}^{3}(\tau)] + \frac{1}{\omega_{1}}(K\cos\tau - H\sin\tau)$$

$$\tag{4-117}$$

设关于方程 β^{0} 的解的形式有

$$\beta_{0}(\tau) = A\cos\tau + B\sin\tau \tag{4-118}$$

将式(4-118)代入式(4-116)可得

$$\ddot{\alpha}_{1}(\tau) + \alpha_{1}(\tau) = \left[A - \frac{2\mu\omega_{0}}{\omega_{1}}B - \frac{3k_{3}}{4\omega_{1}}A(A^{2}+B^{2}) + \frac{1}{\omega_{1}}K\right]\cos\tau +$$

$$\left[B + \frac{2\mu\omega_{0}}{\omega_{1}}A - \frac{3k_{3}}{4\omega_{1}}B(A^{2}+B^{2}) - \frac{1}{\omega_{1}}H\right]\sin\tau + NST \tag{4-119}$$

上式中的 NST 为不长期存在项，提取永年项并令其等于零有

$$A - \frac{2\mu\omega_{0}}{\omega_{1}}B - \frac{3k_{3}}{4\omega_{1}}A(A^{2}+B^{2}) + \frac{1}{\omega_{1}}K = 0 \tag{4-120}$$

$$B + \frac{2\mu\omega_{0}}{\omega_{1}}A - \frac{3k_{3}}{4\omega_{1}}B(A^{2}+B^{2}) - \frac{1}{\omega_{1}}H = 0 \tag{4-121}$$

已知 $K^{2} + H^{2} = k_{1}^{2}$，再令 $A^{2} + B^{2} = a^{2}$，将式(4-120)与式(4-121)平方相加得

$$\left(a - \frac{3k_{3}}{4\omega_{1}}a^{3}\right)^{2} + \left(\frac{2\mu\omega_{0}}{\omega_{1}}a\right)^{2} - \frac{k_{1}^{2}}{\omega_{1}^{2}} = 0 \tag{4-122}$$

将上式展开得

$$\frac{9k_{3}^{2}}{16}a^{6} - \frac{3k_{3}\omega_{1}}{2}a^{4} + (\omega_{1}^{2} + 4\mu^{2}\omega_{0}^{2})a^{2} = k_{1}^{2} \tag{4-123}$$

式(4-123)为系统的强非线性杜芬(Duffing)系统的主共振响应方程。

对式(4-123)的两边同时对 a^{2} 隐函数求导得

$$\frac{27k_{3}^{2}}{16}a^{4} - 3k_{3}\omega_{1}a^{2} + (\omega_{1}^{2} + 4\mu^{2}\omega_{0}^{2}) = 0 \tag{4-124}$$

解得上式得

$$\omega_{1} = \frac{3k_{3}a^{2}}{2} \pm \frac{1}{2}\sqrt{\frac{9k_{3}^{2}a^{4}}{4} - 16\mu^{2}\omega_{0}^{2}} \tag{4-125}$$

4.5.2　数值计算与结果分析

对系统的主共振响应方程式(4-123)进行数值分析。系统的参数选取，如无特殊声明取值为：$E = 200$ MPa，$M_0 = 0.06$ N·m，$A = 405$ mm^2，$J_1 = 1.360\,884 \times 10^{-2}$ kg·m^2，$J_2 = 0.176\,333\,8$ kg·m^2，$d_1 = 125$ mm，$d_2 = 280$ mm，$a_{12} = 677.4$ mm，$c = 0.02$ N·s/m。

图4-45为系统在不同的结构参数作用下引起的振动幅值变化。图4-45（a）为不同阻尼作用下系统的幅频响应曲线，当系统的阻尼值增大时，振动幅值降低。图4-45（b）为不同皮带长作用下系统的幅频响应曲线，当皮带的长度增大时，振动幅值增大，且振动区间向左偏移。图4-45（c）与图4-45（d）为两皮带

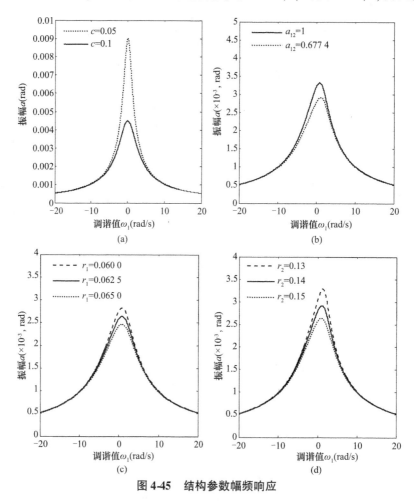

图 4-45　结构参数幅频响应

轮半径大小作用下系统的幅频响应曲线，当系统皮带长度固定，皮带轮的半径增大时振动幅值随之减小，且振动区间不变。图 4-46 为系统材料性能参数对系统振动的幅值影响变化情况。图 4-46(a) 为不同弹性模量对系统幅频响应的影响，当弹性模量增大时系统的振动幅值降低。图 4-46(b) 与图 4-46(c) 为两皮带轮在不同的转动惯量作用时系统幅频响应的影响，当弹性模量增大时系统的振动幅值随之增大。图 4-47 为力幅响应曲线，由图 4-47(a) 可知，当弹性模量越大的时候，系统的幅值越小；由图 4-47(b) 可知，当带的总长度增加时，振幅与共振区域增加；振动存在区域，简谐力矩存在极值。参见文献[8]。

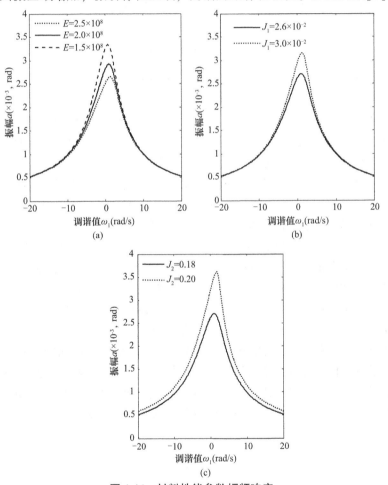

图 4-46　材料性能参数幅频响应

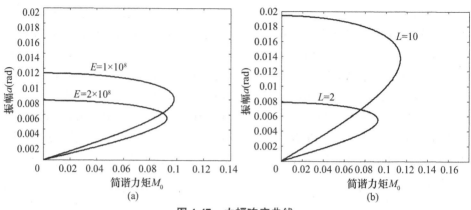

图 4-47　力幅响应曲线

　　本章利用 Lagrange 动力方程建立了皮带机构的的运动微分方程，得到系统的主共振、亚谐共振、超谐共振和强非线性振动的常微分方程。分析刚度、外激励、调谐值等参数变化的影响，得到一些幅频响应和力幅响应曲线。分析了主共振系统平衡的稳定性，用数值方法说明了相关参数对频率响应的影响。系统主共振响应曲线具有跳跃和滞后现象，同时存在非跳跃曲线。3 次超谐共振响应曲线具有跳跃和滞后现象，同时存在非跳跃曲线。应用多尺度法得到主共振系统二次近似解的常微分方程。分析了一次近似解和二次近似解对曲线的影响。发现当考虑二、三次非线性时，对于硬刚度条件系统的主共振，一次近似解幅频响应曲线呈硬刚度特性；而二次近似解的幅频响应曲线呈软刚度特性。通过调整二次近似解方程系数的取值，可以出现一次、二次近似解对称的现象。结合实际情况对曲线进行分析，得到一些本书结论对此类机构的动态设计具有指导意义。应用解决强非线性的 L－P 法对系统的进行数值分析，利用 Matlab 对系统在不同阻尼、结构参数(皮带长度、皮带轮半径)与系统材料性能参数(弹性模量、皮带轮的转动惯量)影响下的幅频响应曲线关系。从理论上分析了皮带传动系统共振情况，参数对共振幅值的影响，从而找到敏感参数，如阻尼、激励简谐力矩、皮带长度和横截面面积等。对皮带传动系统在设计过程中，通过控制敏感系数可有效降低系统的振动，为提高系统的安全性提供了理论参考。

第 5 章 皮带机构的机电耦联共振研究

在现代工程机械中，皮带传动是最普遍的传动装置之一，如皮带式输送机、磨削机、离心机、汽车发动机前端附件驱动等。崔道碧应用 Lagrange 方程得到系统的运动微分方程，应用多尺度方法对方程求解，分析了频率比，阻尼因子，皮带传动中主、从动轮半径比，激振力矩的幅值等几种参数对幅频响应曲线的影响。J. Moon 和 J. A. Wickert 应用实验法和解析法研究了功率传送带系统的非线性振动。通过摄动法可得到近似共振响应的振幅，比较实验测试和直接数字仿真获得的非线性模型。陈宏以双盘悬臂立式转子—轴承系统为研究对象，建立了系统运动微分方程，并用数值方法分析了在非线性密封力和非线性油膜力作用下的裂纹转子的动力学特性。张靖以刚性支撑的水平 Jeffcott 裂纹转子为研究对象，建立了裂纹转子运动微分方程。吴敬东建立了受非线性油膜力作用的非对称转子—轴承碰摩模型，考虑刚度的各向异性，运用数值方法研究了轴两个主方向上的刚度比发生变化时，系统的分叉特性，发现系统发生碰摩时倍周期运动—混沌运动—倍周期运动的运动路径和反向涡动现象。张瑞成考虑电机内部参数影响轧机主传动系统振动特性，交流电机转子复杂多变的磁电转化，交流异步电机中串联补偿电容、转子电阻、相位延时、谐波扰动等电气因素，对传动系统振动特性的影响。

本章以皮带驱动机构为研究对象，重点考虑了电机对整个机构的振动的影响，应用机电耦联动力学建立数学模型，按照拉格朗日—麦克斯韦方程，建立了受皮带非线性弹性力和电磁力作用的皮带驱动机构的非线性振动微分方程，应用非线性振动的定量分析法进行数值分析。

5.1 皮带机构的横扭共振

5.1.1 数学模型的建立

设两个刚性轮由具有非线性材质的皮带连接，主动轮上作用有简谐力矩 $M_0\cos\Omega$ 系统的结构简图，如图 5-1 所示。由图 5-1 可知，r_1 为主动轮半径，r_2 为从动轮半径，J_1 为主动轮转动惯量，J_2 为从动轮转动量，K_1 为皮带的线性拉伸刚度，k' 为皮带的平方非线性拉伸弹性参数，k 为皮带的立方非线性拉伸弹性参数，c 为黏性阻尼系数。皮带的总长 $L = 2\sqrt{(\frac{d_2 - d_1}{2})^2 + a_{12}^2} + \pi$

$(\frac{d_2 - d_1}{2})$，$K_1 = EA/L$，E 为带的弹性模量，A 为带的横截面面积。若皮带轮在运转中皮带的绝对伸长为 ξ，则皮带所具有的非线性弹性力 $F = K_1\xi + K_1 k'\xi^2 + K_1 k\xi^3$，阻尼力 $F' = c\dot{\xi}$。

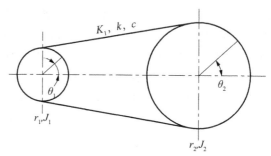

图 5-1　系统的结构简图

考虑电机，如图 5-2 定子内圆几何中心 o（坐标原点），转子质量中心 $c(x_1, y_1)$，转子外圆几何中心 $o_1(x, y)$，转子振动偏心 $oo_1 = e$，转子品质偏心 $o_1c = r$，转子在定子气隙内受磁场的电磁力作用下，一方面绕 o_1 点转动，另一方面中心绕 o_1 随转子做进动运动，m 为转子质量，则 $x = e\cos\gamma$，$y = e\sin\gamma$，$\theta_1 = \omega(1 - s)t$。

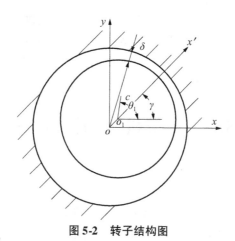

图 5-2　转子结构图

此时系统所具有的动能 T、势能 Π 为

$$T = \frac{1}{2} m (\dot{x} - r\dot{\theta}_1 \sin\theta_1)^2 + \frac{1}{2} m (\dot{y} + r\dot{\theta}_1 \cos\theta_1)^2 + \frac{1}{2} J_1 \dot{\theta}_1^2 + \frac{1}{2} J_2 \dot{\theta}_2^2$$

$$\Pi = \frac{1}{2} K x^2 + \frac{1}{2} K y^2 + (2K_1)(r_1\theta_1 - r_2\theta_2)^2/2 + (2k'K_1)(r_1\theta_1 - r_2\theta_2)^3/3 +$$
$$(2kK_1)(r_1\theta_1 - r_2\theta_2)^4/4$$

Lagrange 函数为 $L = T - \Pi$。

系统的耗散函数为 $F = \frac{1}{2} \mu_1 (\dot{x}^2 + \dot{y}^2) + (2c)(r_1\dot{\theta}_1 - r_2\dot{\theta}_2)^2/2$。

把 L、F 代入到拉格朗日方程式，可得到该系统的运动微分方程为

$$\left. \begin{array}{l} \dfrac{d}{dt}\left(\dfrac{\partial L}{\partial \dot{x}}\right) - \dfrac{\partial L}{\partial x} + \dfrac{\partial F}{\partial \dot{x}} = 0 \\[2mm] \dfrac{d}{dt}\left(\dfrac{\partial L}{\partial \dot{y}}\right) - \dfrac{\partial L}{\partial y} + \dfrac{\partial F}{\partial \dot{y}} = 0 \\[2mm] \dfrac{d}{dt}\left(\dfrac{\partial L}{\partial \dot{\theta}_1}\right) - \dfrac{\partial L}{\partial \theta_1} + \dfrac{\partial F}{\partial \dot{\theta}_1} = M_0 \cos\Omega t \\[2mm] \dfrac{d}{dt}\left(\dfrac{\partial L}{\partial \dot{\theta}_2}\right) - \dfrac{\partial L}{\partial \theta_2} + \dfrac{\partial F}{\partial \dot{\theta}_2} = 0 \end{array} \right\} \qquad (5\text{-}1)$$

进一步得

$$m\ddot{x} + \mu_1 \dot{x} + Kx = mr\dot{\theta}_1^2 \cos\theta_1 + mr\ddot{\theta}_1 \sin\theta_1 \qquad (5\text{-}2)$$

$$m\ddot{y} + \mu_1 \dot{y} + Ky = mr\dot{\theta}_1^2 \sin\theta_1 - mr\ddot{\theta}_1 \cos\theta_1 \qquad (5\text{-}3)$$

$$J_1 \ddot{\theta}_1 + 2K_1 r_1 (r_1\theta_1 - r_2\theta_2) + 2K_1 k' r_1 (r_1\theta_1 - r_2\theta_2)^2 + 2K_1 k r_1 (r_1\theta_1 - r_2\theta_2)^3 +$$
$$2c r_1 (r_1\dot{\theta}_1 - r_2\dot{\theta}_2) + mr(\ddot{y}\cos\theta_1 - \ddot{x}\sin\theta_1) = M_0 \cos\Omega t \qquad (5\text{-}4)$$

$$J_2 \ddot{\theta}_2 + 2K_1 r_2 (r_2\theta_2 - r_1\theta_1) + 2K_1 k' r_2 (r_2\theta_2 - r_1\theta_1)^2 + 2K_1 k r_2 (r_2\theta_2 - r_1\theta_1)^3 +$$
$$2c r_2 (r_2\dot{\theta}_2 - r_1\dot{\theta}_1) = 0 \qquad (5\text{-}5)$$

式(5-2)~式(5-5)形成统一的数学系统，应用此数学系统可研究皮带驱动机构的非线性振动的规律。对方程组进行分析，可知式(5-2)和式(5-3)都与式(5-4)耦合，式(5-5)也与式(5-4)耦合，式(5-2)、式(5-3)和式(5-5)独立，所以可以先解式(5-4)和式(5-5)，再将解出的 θ_1 代入式(5-2)和式(5-3)，对其进行求解。

设 $z = x + iy$，$\bar{z} = x - iy$，使式(5-2)和式(5-3)合并，令(5-2)$+i$(5-3)，对方程进行变换可得

$$\ddot{z} + \frac{\mu_1}{m}\dot{z} + \frac{K}{m}z = r(\dot{\theta}_1^2 e^{i\theta_1} + \ddot{\theta}_1 e^{-i\theta_1}) \tag{5-6}$$

同时式(5-4)可变换为

$$J_1\ddot{\theta}_1 + 2K_1r_1(r_1\theta_1 - r_2\theta_2) + 2K_1k'r_1(r_1\theta_1 - r_2\theta_2)^2 + 2K_1kr_1(r_1\theta_1 - r_2\theta_2)^3 +$$

$$2cr_1(r_1\dot{\theta}_1 - r_2\dot{\theta}_2) + \frac{mr}{2}i(\ddot{z}e^{i\theta_1} - \ddot{z}e^{-i\theta_1}) = M_0\cos\Omega t \tag{5-7}$$

进一步整理可得

$$\ddot{z} + b_1z + b_2\dot{z} = r(\dot{\theta}_1^2 e^{i\theta_1} + \ddot{\theta}_1 e^{-i\theta_1}) \tag{5-8}$$

$$\ddot{\theta}_1 + g_1\theta_1 + g_2\theta_2 = g_3\cos\Omega t + g_4\theta_1^3 + g_5\theta_1^2\theta_2 + g_6\theta_1\theta_2^2 + g_7\theta_2^3 + g_8\theta_1^2 +$$

$$g_9\theta_2^2 + g_{10}\theta_1\theta_2 + g_{11}i(\ddot{z}e^{i\theta_1} - \ddot{z}e^{-i\theta_1}) + \mu_1\dot{\theta}_1 + \mu_2\dot{\theta}_2 \tag{5-9}$$

$$\ddot{\theta}_2 + h_1\theta_1 + h_2\theta_2 = h_3\theta_1^3 + h_4\theta_1^2\theta_2 + h_5\theta_1\theta_2^2 + h_6\theta_2^3 + h_7\theta_1^2 + h_8\theta_2^2 +$$

$$h_9\theta_1\theta_2 + \mu_3\dot{\theta}_1 + \mu_4\dot{\theta}_2 \tag{5-10}$$

这是皮带机构的横扭共振微分方程。其中，$g_1 = \dfrac{2K_1r_1^2}{J_1}$，$g_2 = -\dfrac{2K_1r_1r_2}{J_1}$，

$g_3 = \dfrac{M_0}{J_1}$，$g_4 = -\dfrac{2K_1kr_1^4}{J_1}$，$g_5 = \dfrac{6K_1kr_1^3r_2}{J_1}$，$g_6 = -\dfrac{6K_1kr_1^2r_2^2}{J_1}$，$g_7 = \dfrac{2K_1kr_1r_2^3}{J_1}$，

$g_8 = -\dfrac{2K_1k'r_1^3}{J_1}$，$g_9 = -\dfrac{2K_1k'r_1r_2^2}{J_1}$，$g_{10} = \dfrac{4K_1k'r_1^2r_2}{J_1}$，$g_{11} = \dfrac{mr}{2J_1}$，$\mu_1 = -\dfrac{2cr_1^2}{J_1}$，

$\mu_2 = \dfrac{2cr_1r_2}{J_1}$，$h_1 = -\dfrac{2K_1r_1r_2}{J_2}$，$h_2 = \dfrac{2K_1r_2^2}{J_2}$，$h_3 = \dfrac{2K_1kr_1^3r_2}{J_2}$，$h_4 = -\dfrac{6K_1kr_1^2r_2^2}{J_2}$，

$h_5 = \dfrac{6K_1kr_1r_2^3}{J_2}$，$h_6 = -\dfrac{2K_1kr_2^4}{J_2}$，$h_7 = -\dfrac{2K_1k'r_1^2r_2}{J_2}$，$h_8 = -\dfrac{2K_1k'r_2^3}{J_2}$，$h_9 = \dfrac{4K_1k'r_1r_2^2}{J_2}$，

$\mu_3 = \dfrac{2cr_1r_2}{J_2}$，$\mu_4 = -\dfrac{2cr_2^2}{J_2}$，$b_1 = \dfrac{K}{m}$，$b_2 = \dfrac{\mu_1}{m}$。

5.1.2　扭转振动的分析

不考虑横扭内共振，先对式(5-9)和式(5-10)进行求解。

利用多尺度法求解式(5-9)式(5-10)，首先引入时间尺度 $T_0 = t$，$T_1 = \varepsilon t$，ε 是小参数，则有一次近似解

$$\left.\begin{array}{l} \theta_1 = \theta_{11}(T_0,\ T_1) + \varepsilon\theta_{12}(T_0,\ T_1) \\ \theta_2 = \theta_{21}(T_0,\ T_1) + \varepsilon\theta_{22}(T_0,\ T_1) \end{array}\right\} \tag{5-11}$$

研究系统的自由振动，故在将式(5-9)和式(5-10)阻尼项、非线性项、激励项前冠以小参数 ε，得非线性振动方程。将式(5-11)代入式(5-9)和式(5-10)，并令等式两边 ε 同次幂的系数相等可得

$$\left.\begin{array}{l} D_0^2\theta_{11} + g_1\theta_{11} + g_2\theta_{21} = 0 \\ D_0^2\theta_{21} + h_1\theta_{11} + h_2\theta_{21} = 0 \end{array}\right\} \tag{5-12}$$

和

$$\begin{aligned} D_0^2\theta_{12} + g_1\theta_{12} + g_2\theta_{22} = {} & g_3\cos\Omega t + g_4\theta_{11}^3 + g_5\theta_{11}^2\theta_{21} + g_6\theta_{11}\theta_{21}^2 + g_7\theta_{21}^3 + \\ & g_8\theta_{11}^2 + g_9\theta_{21}^2 + g_{10}\theta_{11}\theta_{21} + g_{11}i(\ddot{\bar{z}}\,\mathrm{e}^{i\theta_1} - \ddot{z}\,\mathrm{e}^{-i\theta_1}) + \\ & \mu_1 D_0\theta_{11} + \mu_2 D_0\theta_{21} - 2D_0 D_1\theta_{11} \end{aligned}$$

$$\begin{aligned} D_0^2\theta_{22} + h_1\theta_{12} + h_2\theta_{22} = {} & h_3\theta_{11}^3 + h_4\theta_{11}^2\theta_{21} + h_5\theta_{11}\theta_{21}^2 + h_6\theta_{21}^3 + h_7\theta_{11}^2 + h_8\theta_{21}^2 + \\ & h_9\theta_{11}\theta_{21} + \mu_3 D_0\theta_{11} + \mu_4 D_0\theta_{21} - 2D_0 D_1\theta_{21} \end{aligned} \tag{5-13}$$

ω_1、ω_2 是对应(5-12)线性系统的固有频率

$$\omega^4 - (g_1 + h_2)\omega^2 - h_1 g_2 + g_1 h_2 = 0 \tag{5-14}$$

式(5-14)称为频率方程或特征方程，因此两个自由度系统有两个不同的固有频率，它们仅取决于系统的物理参数。

根据式(5-14)由韦达定理得

$$g_1 + h_2 = \frac{2K_1 r_1^2}{J_1} + \frac{2K_1 r_2^2}{J_2} = \omega_1^2 + \omega_2^2 \tag{5-15}$$

$$g_1 h_2 - h_1 g_2 = \frac{2K_1 r_1^2}{J_1} \times \frac{2K_1 r_2^2}{J_2} - \frac{2K_1 r_1 r_2}{J_1} \times \frac{2K_1 r_1 r_2}{J_2} = \omega_1^2 \cdot \omega_2^2 \tag{5-16}$$

由式(5-16)可知方程左边等于零，要想使两边相等就必定有 $\bar{\omega} = 0$。对于这样一个系统来说，至少有一个零特征值，把 $\bar{\omega} = 0$ 称为系统的零阶固有频率。当两个轮同步转动的时候，就会有零阶固频率出现。

由零阶固有频率的特点，根据式(5-13)得到 θ_{11}、θ_{21} 的通解为

$$\left.\begin{array}{l} \theta_{11} = A(T_1)\exp(i\omega T_0) + \bar{A}(T_1)\exp(i\omega T_0) + B \\ \theta_{21} = \varLambda_1 A(T_1)\exp(i\omega T_0) + \varLambda_1\bar{A}(T_1)\exp(i\omega T_0) + \varLambda_2 B \end{array}\right\} \tag{5-17}$$

其中，$\varLambda_1$、$\varLambda_2$ 是对应的比例常量，$\varLambda_1$、$\varLambda_2$ 由下式确定

$$\Lambda_1 = = \frac{g_1 - \omega^2}{g_2} = \frac{h_1}{h_2 - \omega^2}, \qquad \Lambda_2 = = \frac{g_1}{g_2} = \frac{h_1}{h_2} \tag{5-18}$$

将式(5-15)代入式(5-14)得到两个含有展开项后长达一页的非齐次项。

$$D_0^2 \theta_{12} + g_1 \theta_{12} + g_2 \theta_{22} = -2i\omega A' e^{i\omega T_0} + g_3 \cos\Omega t + g_4 (3A^2\overline{A} + 3BA) e^{i\omega T_0} +$$
$$g_5 (3\Lambda_1 A^2\overline{A} + (\Lambda_1 + 2\Lambda_2) B^2 A) e^{i\omega T_0} +$$
$$g_6 (3\Lambda_1^2 A^2\overline{A} + (\Lambda_2^2 + 2\Lambda_1\Lambda_2) B^2 A) e^{i\omega T_0} +$$
$$g_7 (3\Lambda_1^3 A^2\overline{A} + 3\Lambda_1\Lambda_2^2 BA) e^{i\omega T_0} + 2Bg_8 A e^{i\omega T_0} +$$
$$2\Lambda_1\Lambda_2 B g_9 A e^{i\omega T_0} + (\Lambda_1 + \Lambda_2) B g_{10} A e^{i\omega T_0} +$$
$$\mu_1 \omega i A e^{i\omega T_0} + \mu_2 \Lambda_1 \omega i A e^{i\omega T_0} + cc + SNT_1 \tag{5-19}$$

$$D_0^2 \theta_{22} + h_1 \theta_{12} + h_2 \theta_{22} = -2\Lambda_1 i\omega A' e^{i\omega T_0} + h_3 (3A^2\overline{A} + 3BA) e^{i\omega T_0} +$$
$$h_4 (3\Lambda_1 A^2\overline{A} + (\Lambda_1 + 2\Lambda_2) B^2 A) e^{i\omega T_0} +$$
$$h_5 (3\Lambda_1^2 A^2\overline{A} + (\Lambda_2^2 + 2\Lambda_1\Lambda_2) B^2 A) e^{i\omega T_0} +$$
$$h_6 (3\Lambda_1^3 A^2\overline{A} + 3\Lambda_1\Lambda_2^2 BA) e^{i\omega T_0} + 2Bh_7 A e^{i\omega T_0} +$$
$$2\Lambda_1\Lambda_2 Bh_8 A e^{i\omega T_0} + (\Lambda_1 + \Lambda_2) Bh_9 A e^{i\omega T_0} +$$
$$\mu_3 \omega i A e^{i\omega T_0} + \mu_4 \Lambda_1 \omega i A e^{i\omega T_0} + cc + SNT_2 \tag{5-20}$$

其中，cc 为共轭项，SNT 是不产生永年项的项。

为确定式(5-19)和式(5-20)的有解条件，设 θ_{12}、θ_{22} 具有如下形式

$$\left. \begin{aligned} \theta_{12} = P_{11} \exp(i\omega T_0) \\ \theta_{22} = P_{21} \exp(i\omega T_0) \end{aligned} \right\} \tag{5-21}$$

将式(5-11)和式(5-21)代入式(5-19)和式(5-20)，再令等式两边的 $\exp(i\omega T_0)$ 的系数相等，可得

$$\left. \begin{aligned} (g_1 - \omega^2) P_{11} + g_2 P_{21} = R_{11} \\ (h_2 - \omega^2) P_{21} + h_1 P_{11} = R_{21} \end{aligned} \right\} \tag{5-22}$$

式中

$$R_{11} = -2i\omega A' + (3g_4 + 3\Lambda_1 g_5 + 3\Lambda_1^2 g_6 + 3\Lambda_1^3 g_7)A^2\overline{A} + [3Bg_4 +$$

$$(\Lambda_1 + 2\Lambda_2)B^2 g_5 + (\Lambda_2^2 + 2\Lambda_1\Lambda_2)B^2 g_6 + 3\Lambda_1\Lambda_2^2 Bg_7 + 2Bg_8 +$$

$$2\Lambda_1\Lambda_2 Bg_9 + (\Lambda_1 + \Lambda_2)Bg_{10}]A + (\mu_1 + \mu_2\Lambda_1)\omega iA$$

$$R_{21} = -2i\omega A' + (3h_3 + 3\Lambda_1 h_4 + 3\Lambda_1^2 h_5 + 3\Lambda_1^3 h_6)A^2\overline{A} + [3Bh_3 +$$

$$(\Lambda_1 + 2\Lambda_2)B^2 h_4 + (\Lambda_2^2 + 2\Lambda_1\Lambda_2)B^2 h_5 + 3\Lambda_1\Lambda_2^2 Bh_6 + 2Bh_7 +$$

$$2\Lambda_1\Lambda_2 Bh_8 + (\Lambda_1 + \Lambda_2)Bh_9]A + (\mu_3 + \mu_4\Lambda_1)\omega iA \tag{5-23}$$

这样就把求式(5-19)和式(5-10)的可解性条件归结为求式(5-22)时的可解性条件。由式(5-15)可得式(5-22)的系数矩阵等于零，可解条件为

$$\begin{vmatrix} g_1 - \omega^2 & R_{11} \\ h_1 & R_{21} \end{vmatrix} = 0 \tag{5-24}$$

或根据式(5-18)可解条件为

$$R_{11} = -\Lambda_3 R_{21} \tag{5-25}$$

其中，$-\Lambda_3 = \dfrac{g_1 - \omega^2}{h_1}$。

将式(5-23)代入式(5-25)，重新整理得

$$A'(2i\omega + 2i\omega\Lambda_1\Lambda_3) = [(3g_4 + 3\Lambda_1 g_5 + 3\Lambda_1^2 g_6 + 3\Lambda_1^3 g_7) + \Lambda_3(3h_3 + 3\Lambda_1 h_4 +$$

$$3\Lambda_1^2 h_5 + 3\Lambda_1^3 h_6)]A^2\overline{A} + \{[3Bg_4 + (\Lambda_1 + 2\Lambda_2)B^2 g_5 +$$

$$(\Lambda_2^2 + 2\Lambda_1\Lambda_2)B^2 g_6 + 3\Lambda_1\Lambda_2^2 Bg_7 + 2Bg_8 + 2\Lambda_1\Lambda_2 Bg_9 +$$

$$(\Lambda_1 + \Lambda_2)Bg_{10}] + \Lambda_3[3Bh_3 + (\Lambda_1 + 2\Lambda_2)B^2 h_4 +$$

$$(\Lambda_2^2 + 2\Lambda_1\Lambda_2)B^2 h_5 + 3\Lambda_1\Lambda_2^2 Bh_6 + 2Bh_7 + 2\Lambda_1\Lambda_2 Bh_8 +$$

$$(\Lambda_1 + \Lambda_2)Bh_9]\}A + [(\mu_1 + \Lambda_1\mu_2) + \Lambda_3(\mu_3 + \Lambda_1\mu_4)]Ai\omega \tag{5-26}$$

将变量 A 写成极坐标变量形式，即设

$$A = \frac{1}{2}a e^{i\beta} \tag{5-27}$$

其中，a 和 β 是实数，将式(5-27)代入式(5-26)，分离实部和虚部，得到下列极坐标形式的确定振幅 a 和相位 β 的微分方程

$$\left. \begin{array}{l} \dot{a} = \overline{\mu}_1 a \\ a\dot{\beta} = a\sigma + \Gamma_2 a^3 + \Gamma_3 a \end{array} \right\} \tag{5-28}$$

式中

$$\bar{\mu}_1 = \frac{1}{2(\omega + \omega \Lambda_1 \Lambda_3)} \left[(\mu_1 + \Lambda_1 \mu_2) + \Lambda_3 (\mu_3 + \Lambda_1 \mu_4) \right] \omega$$

$$\Gamma_2 = \frac{(3g_4 + 3\Lambda_1 g_5 + 3\Lambda_1^2 g_6 + 3\Lambda_1^3 g_7) + \Lambda_3 (3h_3 + 3\Lambda_1 h_4 + 3\Lambda_1^2 h_5 + 3\Lambda_1^3 h_6)}{8(\omega + \omega \Lambda_1 \Lambda_3)}$$

$$\Gamma_3 = \frac{1}{2(\omega + \omega \Lambda_1 \Lambda_3)} \left\{ \left[3Bg_4 + (\Lambda_1 + 2\Lambda_2) B^2 g_5 + (\Lambda_2^2 + 2\Lambda_1 \Lambda_2) B^2 g_6 + \right. \right.$$

$$3\Lambda_1 \Lambda_2^2 Bg_7 + 2Bg_8 + 2\Lambda_1 \Lambda_2 Bg_9 + (\Lambda_1 + \Lambda_2) Bg_{10} \right] + \Lambda_3 \left[3\Lambda_1 h_3 + (\Lambda_1 + 2\Lambda_2) \right.$$

$$\left. \left. B^2 h_4 + (\Lambda_2^2 + 2\Lambda_1 \Lambda_2) B^2 h_5 + 3\Lambda_1 \Lambda_2^2 Bh_6 + 2Bh_7 + 2\Lambda_1 \Lambda_2 Bh_8 + (\Lambda_1 + \Lambda_2) Bh_9 \right] \right\}$$

$$(5\text{-}29)$$

相应的一次近似解为

$$\theta_1(t) = a(\varepsilon t) \cos(\omega t + \beta) \tag{5-30}$$

其中，a 和 β 由式(5-28)确定。

5.1.3　横向振动的分析

将式(5-30)代入式(5-6)可得

$$\ddot{z} + b_1 z + b_2 \dot{z} = rF \tag{5-31}$$

干扰激励为

$$F = \left[a(\varepsilon t) \cos(\omega t + \beta) \right]'^2 e^{i\left[a(\varepsilon t) \cos(\omega t + \beta) \right]} + \left[a(\varepsilon t) \cos(\omega t + \beta) \right]'' e^{-i\left[a(\varepsilon t) \cos(\omega t + \beta) \right]}$$

$$(5\text{-}32)$$

如无特殊声明，参数取值为：$J_0 = 1.261 \times 10^{-2}$ kg · m^2, $J_1 = 1.360\,884 \times 10^{-2}$ kg · m^2, $J_2 = 0.176\,333\,8$ kg · m^2, $E = 200$ MPa, $M_0 = 16$ N · m, $A = 405$ mm^2, $d_1 = 125$ mm, $d_2 = 280$ mm, $a_{12} = 677.4$ mm, $c = 5$ N · s/m, $\sigma = 1$。

根据式(5-31)可以求得完全响应

$$z = \exp((0.833\,3 \times 10^{-4} + 292.1i)t) C_1 + \exp((0.833\,3 \times 10^{-4} - 292.1i)t) C_2 +$$

$$(0.277\,4 \times 10^{-9} + 0.177\,3 \times 10^{-9}i) \sin^2(\tilde{\alpha}) \Omega^2 \exp((-0.066\,5 + 0.227\,5i) \cos(\tilde{\alpha}) -$$

$$(0.133\,3 \times 10^{-8} + 0.389\,7 \times 10^{-9}i) \cos(\tilde{\alpha}) \Omega^2 \exp((-0.066\,5 - 0.227\,5i) \cos(\tilde{\alpha}))$$

$$(5\text{-}33)$$

其中，$\tilde{\alpha} = \Omega t + 0.473\,7 + 0.224\,6 \times 10^{-2}i$。

用龙格库塔法解方程式(5-31)，需要将其做如下变换

$$\left. \begin{array}{l} \dot{z} = u \\ \dot{u} = -b_1 z - b_2 u + rF \end{array} \right\} \tag{5-34}$$

根据式(5-34)，用龙格库塔法可以画出系统的时间响应。

由式(5-34)出发可以进行平衡点的稳定性分析，取 $\dot{z} = \dot{u} = 0$，则平衡态为

$$\text{Az：}\ \left(\frac{S}{b_1 \varGamma_2 \Phi^{\frac{1}{3}}},\ 0\right) \tag{5-35}$$

式中

$$S = -0.001\ 00r\Omega^2\left(-167\sin^2(\alpha)\Phi^{\frac{2}{3}}\Psi + 2\ 000\sin^2(\alpha)\Psi\bar{\mu}_1^2 - 668\sin^2(\alpha)\Psi\sigma^2 + \right.$$

$$\left. 668\sin^2(\alpha)\Psi\Phi^{\frac{2}{3}}\sigma - 408\Theta^{\frac{1}{2}}\cos\alpha\exp\left(\frac{0.408i\Theta^{\frac{1}{2}}\cos\alpha}{\varGamma_2\Phi^{\frac{1}{3}}}\right)\right.$$

其中 $\Phi = 72\bar{\mu}_1^2\sigma + 8\sigma^3 + 108\varGamma_1^2\varGamma_2 + 20.8\left(4\bar{\mu}_1^6 + 36\bar{\mu}_1^2\sigma\varGamma_1^2\varGamma_2 + 8\bar{\mu}_1^4\sigma^2 + 4\bar{\mu}_1^2\sigma^4 + \right.$
$\left. 27\varGamma_1^4\varGamma_2^2 + 4\sigma^3\varGamma_1^2\varGamma_2\right)^{\frac{1}{2}}$

$$\alpha = \Omega t - a\tan\left(\frac{1\ 000\bar{\mu}_1\varGamma_2\Phi^{\frac{1}{3}}}{1\ 000\sigma\varGamma_2\Phi^{\frac{1}{3}} + 167\varGamma_1\Phi^{\frac{2}{3}} - 2\ 000\varGamma_1\bar{\mu}_1^2 + 668\varGamma_1\sigma^2 - 668\varGamma_1\sigma\Phi^{\frac{1}{3}}}\right)$$

$$\Psi = \exp\left(\frac{-0.408i\Theta^{\frac{1}{2}}\cos\alpha}{\varGamma_2\Phi^{\frac{1}{3}}}\right)$$

$\Theta = -\varGamma_2\Phi^{\frac{1}{3}}\left(-\Phi^{\frac{2}{3}} + 12\bar{\mu}_1^2 - 4\sigma^2 + 4\Phi^{\frac{1}{3}}\sigma\right)$

在二维相图上只研究 Az 的平衡问题。式(5-31)的 Jacobi 矩阵为

$$J = \begin{pmatrix} 0 & 1 \\ -b_1 & b_2 \end{pmatrix} \tag{5-36}$$

其特征值方程为

$$\lambda_{1,2} = 0.5b_2 \pm 0.5\sqrt{b_2^2 - 4b_1} \tag{5-37}$$

由式(5-35)可得

$$\text{A：}\ \left(0.427 \times 10^{-5}\sin^2(106t + 1.4)\exp(\psi) - \right.$$
$$0.168 \times 10^{-4}\cos(106t + 1.4)\exp(-\psi),\ 0\right) \tag{5-38}$$

式中，$\psi = 0.254i\cos(106t + 1.4)$。

由式(5-37)可以得到

$$\lambda_{1,2} = -0.000\ 083\ 3 \pm 292i \tag{5-39}$$

由式(5-39)的取值可知，两个特征值是共轭复数，且实部小于零，因此平衡态 A 是稳定的焦点，在焦点附近形成的相图是稳定的吸引子。

由于不考虑 M_0，系统的相轨迹，先围绕中心向呈不太规则的蝴蝶形运动，之后围绕此中心向外不断扩展，呈发散状态，如图 5-3 所示。图 5-4 为图 5-3

对应的时间响应，随着时间的增大，振幅越来越大，可见系统是发散的。图 5-5 为其功率谱，发现 8 Hz 附近的频段所占的能量最大，该频率为系统固有频率。

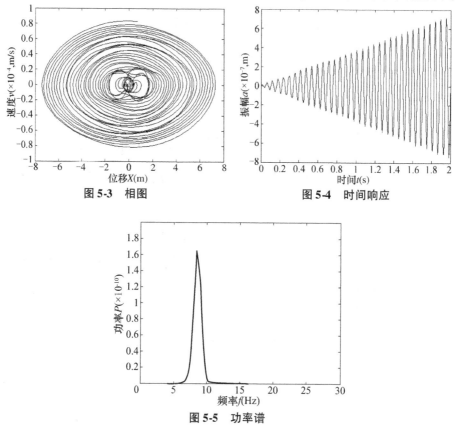

图 5-3　相图　　　　　　　　　　　　图 5-4　时间响应

图 5-5　功率谱

5.2　皮带机构的横扭耦合共振

5.2.1　扭转振动

应用 5.1 的数学模型建立的微分方程，考虑扭转振动的主共振情况，利用多尺度法求解式（5-9）和式（5-10），首先引入时间尺度 $T_0 = t$，$T_1 = \varepsilon t$，ε 是小参数，则有一次近似解

$$\left.\begin{array}{l} \theta_1 = \theta_{11}(T_0,\ T_1) + \varepsilon\theta_{12}(T_0,\ T_1) \\ \theta_2 = \theta_{21}(T_0,\ T_1) + \varepsilon\theta_{22}(T_0,\ T_1) \end{array}\right\} \tag{5-40}$$

研究系统的主共振，故在将式(5-9)和式(5-10)阻尼项、非线性项、激励项前冠以小参数 ε，得非线性振动方程。将式(5-10)代入式(5-9)和式(5-10)，并令等式两边 ε 同次幂的系数相等，得

$$\left.\begin{aligned} D_0^2\theta_{11} + g_1\theta_{11} + g_2\theta_{21} = 0 \\ D_0^2\theta_{21} + h_1\theta_{11} + h_2\theta_{21} = 0 \end{aligned}\right\} \tag{5-41}$$

$$D_0^2\theta_{12} + g_1\theta_{12} + g_2\theta_{22} = g_3\cos\Omega t + g_4\theta_{11}^3 + g_5\theta_{11}^2\theta_{21} + g_6\theta_{11}\theta_{21}^2 + g_7\theta_{21}^3 + g_8\theta_{11}^2 +$$
$$g_9\theta_{21}^2 + g_{10}\theta_{11}\theta_{21} + g_{11}i(\ddot{\bar{z}}e^{i\theta_1} - \ddot{z}e^{-i\theta_1}) + \mu_1 D_0\theta_{11} + \mu_2 D_0\theta_{21} - 2D_0 D_1\theta_{11}$$

$$D_0^2\theta_{22} + h_1\theta_{12} + h_2\theta_{22} = h_3\theta_{11}^3 + h_4\theta_{11}^2\theta_{21} + h_5\theta_{11}\theta_{21}^2 + h_6\theta_{21}^3 + h_7\theta_{11}^2 + h_8\theta_{21}^2 +$$
$$h_9\theta_{11}\theta_{21} + \mu_3 D_0\theta_{11} + \mu_4 D_0\theta_{21} - 2D_0 D_1\theta_{21} \tag{5-42}$$

ω_1、ω_2 是对应式(5-41)线性系统的固有频率

$$\omega^4 - (g_1 + h_2)\omega^2 - h_1 g_2 + g_1 h_2 = 0 \tag{5-43}$$

其中式(5-43)称为频率方程或特征方程，因此两个自由度系统有两个不同的固有频率，它们仅取决于系统的物理参数。

根据式(5-43)由韦达定理得

$$g_1 + h_2 = \frac{2K_1 r_1^2}{J_1} + \frac{2K_1 r_2^2}{J_2} = \omega_1^2 + \omega_2^2 \tag{5-44}$$

$$g_1 h_2 - h_1 g_2 = \frac{2K_1 r_1^2}{J_1} \times \frac{2K_1 r_2^2}{J_2} - \frac{2K_1 r_1 r_2}{J_1} \times \frac{2K_1 r_1 r_2}{J_2} = \omega_1^2 \cdot \omega_2^2 \tag{5-45}$$

由式(5-45)可知方程左边等于零，要想使两边相等就必定有 $\bar{\omega} = 0$。对于这样一个系统来说，至少有一个零特征值，把 $\bar{\omega} = 0$ 称为系统的零阶固有频率。当两个轮同步转动的时候，就会出现零阶固有频率。

由零阶固有频率的特点，根据式(5-42)得到 θ_{11}、θ_{21} 的通解为

$$\left.\begin{aligned} \theta_{11} = A(T_1)\exp(i\omega T_0) + \bar{A}(T_1)\exp(i\omega T_0) + B \\ \theta_{21} = \Lambda_1 A(T_1)\exp(i\omega T_0) + \Lambda_1\bar{A}(T_1)\exp(i\omega T_0) + \Lambda_2 B \end{aligned}\right\} \tag{5-46}$$

其中，Λ_1、Λ_2 是对应的比例常量，Λ_1、Λ_2 由下式确定

$$\Lambda_1 = = \frac{g_1 - \omega^2}{g_2} = \frac{h_1}{h_2 - \omega^2}, \qquad \Lambda_2 = = \frac{g_1}{g_2} = \frac{h_1}{h_2} \tag{5-47}$$

将式(5-46)代入式(5-47)得到两个含有展开项后长达一页的非齐次项。

$$D_0^2\theta_{12} + g_1\theta_{12} + g_2\theta_{22} = -2i\omega A e^{i\omega T_0} + g_3\cos\Omega t + g_4(3A^2\overline{A} + 3BA)e^{i\omega T_0} +$$

$$g_5(3\Lambda_1 A^2\overline{A} + (\Lambda_1 + 2\Lambda_2)B^2 A)e^{i\omega T_0} + g_6(3\Lambda_1^2 A^2\overline{A} + (\Lambda_2^2 + 2\Lambda_1\Lambda_2)B^2 A)e^{i\omega T_0} +$$

$$g_7(3\Lambda_1^3 A^2\overline{A} + 3\Lambda_1\Lambda_2^2 BA)e^{i\omega T_0} + 2Bg_8 e^{i\omega T_0} + 2\Lambda_1\Lambda_2 Bg_9 A e^{i\omega T_0} +$$

$$(\Lambda_1 + \Lambda_2)Bg_{10}A e^{i\omega T_0} + \mu_1\omega iA e^{i\omega T_0} + \mu_2\Lambda_1\omega iA e^{i\omega T_0} + cc + SNT_1 \tag{5-48}$$

$$D_0^2\theta_{22} + h_1\theta_{12} + h_2\theta_{22} = -2\Lambda_1\omega iA e^{i\omega T_0} + h_3(3A^2\overline{A} + 3BA)e^{i\omega T_0} +$$

$$h_4(3\Lambda_1 A^2\overline{A} + (\Lambda_1 + 2\Lambda_2)B^2 A)e^{i\omega T_0} + h_5(3\Lambda_1^2 A^2\overline{A} + (\Lambda_2^2 + 2\Lambda_1\Lambda_2)B^2 A)e^{i\omega T_0} +$$

$$h_6(3\Lambda_1^3 A^2\overline{A} + 3\Lambda_1\Lambda_2^2 BA)e^{i\omega T_0} + 2Bh_7 e^{i\omega T_0} + 2\Lambda_1\Lambda_2 Bh_8 A e^{i\omega T_0} +$$

$$(\Lambda_1 + \Lambda_2)Bh_9 A e^{i\omega T_0} + \mu_3\omega iA e^{i\omega T_0} + \mu_4\Lambda_1\omega iA e^{i\omega T_0} + cc + SNT_2 \tag{5-49}$$

其中，cc 为共轭项，SNT 是不产生永年项的项。

考虑主共振情况，σ 为调谐参数，ε 为小参数，即

$$\Omega = \omega + \varepsilon\sigma \tag{5-50}$$

为确定式(5-48)和式(5-49)的有解条件，设 θ_{12}、θ_{22} 具有如下形式

$$\theta_{12} = P_{11}\exp(i\omega T_0), \qquad \theta_{22} = P_{21}\exp(i\omega T_0) \tag{5-51}$$

将式(5-40)、式(5-50)和式(5-51)代入式(5-48)和式(5-49)，再令等式两边的 $\exp(i\omega T_0)$ 的系数相等，可得

$$\left.\begin{aligned} (g_1 - \omega^2)P_{11} + g_2 P_{21} &= R_{11} \\ (h_2 - \omega^2)P_{21} + h_1 P_{11} &= R_{21} \end{aligned}\right\} \tag{5-52}$$

式中

$$R_{11} = -2i\omega A' + \frac{g_3}{2}e^{i\sigma T_1} + (3g_4 + 3\Lambda_1 g_5 + 3\Lambda_1^2 g_6 + 3\Lambda_1^3 g_7)A^2\overline{A} +$$

$$[3Bg_4 + (\Lambda_1 + 2\Lambda_2)B^2 g_5 + (\Lambda_2^2 + 2\Lambda_1\Lambda_2)B^2 g_6 + 3\Lambda_1\Lambda_2^2 Bg_7 +$$

$$2Bg_8 + 2\Lambda_1\Lambda_2 Bg_9 + (\Lambda_1 + \Lambda_2)Bg_{10}]A + (\mu_1 + \mu_2\Lambda_1)\omega iA$$

$$R_{21} = -2i\omega A' + (3h_3 + 3\Lambda_1 h_4 + 3\Lambda_1^2 h_5 + 3\Lambda_1^3 h_6)A^2\overline{A} + [3Bh_3 +$$

$$(\Lambda_1 + 2\Lambda_2)B^2 h_4 + (\Lambda_2^2 + 2\Lambda_1\Lambda_2)B^2 h_5 + 3\Lambda_1\Lambda_2^2 Bh_6 + 2Bh_7 + \tag{5-53}$$

$$2\Lambda_1\Lambda_2 Bh_8 + (\Lambda_1 + \Lambda_2)Bh_9]A + (\mu_3 + \mu_4\Lambda_1)\omega iA$$

这样就把求式(5-48)和式(5-49)的可解性条件归结为求式(5-52)时的可解性条件。由式(5-44)可得式(5-52)的系数矩阵等于零，可解条件为

$$\begin{vmatrix} g_1 - \omega^2 & R_{11} \\ h_1 & R_{21} \end{vmatrix} = 0 \tag{5-54}$$

或根据式(5-45)可解条件为

$$R_{11} = -\Lambda_3 R_{21} \tag{5-55}$$

其中，$-\Lambda_3 = \dfrac{g_1 - \omega^2}{h_1}$。

将式(5-53)代入式(5-55)，并重新整理即得

$$A'(2i\omega + 2i\omega\Lambda_1\Lambda_3) = \frac{g_3}{2}e^{\sigma T_1} + \left[(3g_4 + 3\Lambda_1 g_5 + 3\Lambda_1^2 g_6 + 3\Lambda_1^3 g_7) + \Lambda_3 (3h_3 + 3\Lambda_1 h_4 + \right.$$

$$\left. 3\Lambda_1^2 h_5 + 3\Lambda_1^3 h_6) \right] A^2 \overline{A} + \{ [3Bg_4 + (\Lambda_1 + 2\Lambda_2)B^2 g_5 + (\Lambda_2^2 + 2\Lambda_1\Lambda_2)B^2 g_6 + 3\Lambda_1\Lambda_2^2 Bg_7 +$$

$$2Bg_8 + 2\Lambda_1\Lambda_2 Bg_9 + (\Lambda_1 + \Lambda_2)Bg_{10}] + \Lambda_3 [3Bh_3 + (\Lambda_1 + 2\Lambda_2)B^2 h_4 + (\Lambda_2^2 + 2\Lambda_1\Lambda_2)B^2 h_5 +$$

$$3\Lambda_1\Lambda_2^2 Bh_6 + 2Bh_7 + 2\Lambda_1\Lambda_2 Bh_8 + (\Lambda_1 + \Lambda_2)Bh_9] \} A + [(\mu_1 + \Lambda_1\mu_2) + \Lambda_3(\mu_3 + \Lambda_1\mu_4)] A i\omega$$

$$\tag{5-56}$$

将变量 A 写成极坐标变量形式，即设 $A = \dfrac{1}{2}ae^{i\beta}$。

其中，a、β 是实数，将上式代入式(5-56)，令 $\varphi = \sigma T_1 - \beta$，分离实部和虚部，得

$$\left. \begin{aligned} \dot{a} &= \overline{\mu}_1 a + \Gamma_1 \sin\varphi \\ a\dot{\varphi} &= a\sigma + \Gamma_2 a^3 + \Gamma_3 a + \Gamma_1 \cos\varphi \end{aligned} \right\} \tag{5-57}$$

式中 $\overline{\mu}_1 = \dfrac{1}{2(\omega + \omega\Lambda_1\Lambda_3)}[(\mu_1 + \Lambda_1\mu_2) + \Lambda_3(\mu_3 + \Lambda_1\mu_4)]\omega$

$$\Gamma_1 = \frac{g_3}{2(\omega + \omega\Lambda_1\Lambda_3)}$$

$$\Gamma_2 = \frac{(3g_4 + 3\Lambda_1 g_5 + 3\Lambda_1^2 g_6 + 3\Lambda_1^3 g_7) + \Lambda_3(3h_3 + 3\Lambda_1 h_4 + 3\Lambda_1^2 h_5 + 3\Lambda_1^3 h_6)}{8(\omega + \omega\Lambda_1\Lambda_3)}$$

$$\Gamma_3 = \frac{1}{2(\omega + \omega\Lambda_1\Lambda_3)} \{ [3Bg_4 + (\Lambda_1 + 2\Lambda_2)B^2 g_5 + (\Lambda_2^2 + 2\Lambda_1\Lambda_2)B^2 g_6 +$$

$$3\Lambda_1\Lambda_2^2 Bg_7 + 2Bg_8 + 2\Lambda_1\Lambda_2 Bg_9 + (\Lambda_1 + \Lambda_2)Bg_{10}] + \Lambda_3 [3Bh_3 + (\Lambda_1 + 2\Lambda_2)$$

$$B^2 h_4 + (\Lambda_2^2 + 2\Lambda_1\Lambda_2)B^2 h_5 + 3\Lambda_1\Lambda_2^2 Bh_6 + 2Bh_7 + 2\Lambda_1\Lambda_2 Bh_8 + (\Lambda_1 + \Lambda_2)Bh_9] \}$$

令 $\dot{a} = \dot{\varphi} = 0$，两式平方相加可得

$$(\overline{\mu}_1 a)^2 + (a\sigma + \Gamma_2 a^3 + \Gamma_3 a)^2 - \Gamma_1^2 = 0 \tag{5-58}$$

$$\varphi = \frac{\overline{\mu}_1}{\sigma + \Gamma_2 a_1^2 + \Gamma_3}$$

当 $B = 0$ 时，$\Gamma_3 = 0$，则式(5-58)可变换为

$$(\overline{\mu}_1 a)^2 + (a\sigma + \Gamma_2 a^3)^2 - \Gamma_1^2 = 0 \tag{5-59}$$

$$\varphi = a\tan \frac{\overline{\mu}_1}{\sigma + \Gamma_2 a_1^2}$$

相应的一次近似解为

$$\theta_1(t) = a(\varepsilon t)\cos(\Omega t - \varphi) \tag{5-60}$$

其中 a、φ 由式(5-59)确定。

5.2.2　横向振动的分析

将式(5-60)代入式(5-8)可得

$$\ddot{z} + b_1 z + b_2 \dot{z} = rF \tag{5-61}$$

干扰激励为

$$F = \left[a(\varepsilon t)\cos(\Omega t - \varphi) \right]'^2 e^{i\left[a(\varepsilon t)\cos(\Omega t - \varphi) \right]} + \left[a(\varepsilon t)\cos(\Omega t - \varphi) \right]'' e^{-i\left[a(\varepsilon t)\cos(\Omega t - \varphi) \right]} \tag{5-62}$$

如无特殊声明，参数取值为：$J_0 = 0.126\ 1\ \text{kg} \cdot \text{m}^2$，$J_1 = 1.360\ 884 \times 10^{-2}\ \text{kg} \cdot \text{m}^2$，$J_2 = 0.176\ 333\ 8\ \text{kg} \cdot \text{m}^2$，$E = 200\ \text{MPa}$，$A = 405\ \text{mm}^2$，$d_1 = 125\ \text{mm}$，$d_2 = 280\ \text{mm}$，$a = 677.4\ \text{mm}$，$c = 5\ \text{N} \cdot \text{s/m}$，$\sigma = 1$。

根据式(5-33)可以求得完全响应的数值解

$$z = \exp((0.833\ 3 \times 10^{-4} + 292.1i)t)C_1 + \exp((0.833\ 3 \times 10^{-4} - 292.1i)t)C_2 +$$

$$(0.277\ 4 \times 10^{-9} + 0.177\ 3 \times 10^{-9}i)\sin^2(\tilde{\alpha})\Omega^2 \exp((-0.066\ 5 + 0.227\ 5i)\cos(\tilde{\alpha})) -$$

$$(0.133\ 3 \times 10^{-8} + 0.389\ 7 \times 10^{-9}i)\cos(\tilde{\alpha})\Omega^2 \exp((-0.066\ 5 - 0.227\ 5i)\cos(\tilde{\alpha})) \tag{5-63}$$

其中，$\tilde{\alpha} = \Omega t + 0.473\ 7 + 0.224\ 6 \times 10^{-2}i$。

如果用龙格库塔法解方程式(5-61)，需要将其做如下变换

$$\left. \begin{aligned} \dot{z} &= u \\ \dot{u} &= -b_1 z - b_2 u + rF \end{aligned} \right\} \tag{5-64}$$

根据式(5-64)，用龙格库塔法可以画出系统的时间响应。

由式(5-64)出发可以进行平衡点的稳定性分析，取 $\dot{z} = \dot{u} = 0$，则平衡态为

$$\text{Az：}\left(\frac{S}{b_1 \Gamma_2 \Phi^{\frac{1}{3}}},\ 0 \right) \tag{5-65}$$

式中

$$S = -0.001\,00r\Omega^2\left(-167\sin^2(\alpha)\Phi^{\frac{2}{3}}\Psi + 2\,000\sin^2(\alpha)\Psi\overline{\mu}_1^2 - 668\sin^2(\alpha)\right.$$

$$\left.\Psi\sigma^2 + 668\sin^2(\alpha)\Psi\Phi^{\frac{2}{3}}\sigma - 408\Theta^{\frac{1}{2}}\cos\alpha\exp\left(\frac{0.408i\Theta^{\frac{1}{2}}\cos\alpha}{\Gamma_2\Phi^{\frac{1}{3}}}\right)\right.$$

其中

$$\Phi = 72\overline{\mu}_1^2\sigma + 8\sigma^3 + 108\Gamma_1^2\Gamma_2 + 20.8\left(4\overline{\mu}_1^6 + 36\overline{\mu}_1^2\sigma\Gamma_1^2\Gamma_2 + 8\overline{\mu}_1^4\sigma^2 + 4\overline{\mu}_1^2\sigma^4 +\right.$$

$$\left.27\Gamma_1^4\Gamma_2^2 + 4\sigma^3\Gamma_1^2\Gamma_2\right)^{\frac{1}{2}}$$

$$\alpha = \Omega t - a\tan\left(\frac{1\,000\overline{\mu}_1\Gamma_2\Phi^{\frac{1}{3}}}{1\,000\sigma\Gamma_2\Phi^{\frac{1}{3}} + 167\Gamma_1\Phi^{\frac{2}{3}} - 2\,000\Gamma_1\overline{\mu}_1^2 + 668\Gamma_1\sigma^2 - 668\Gamma_1\sigma\Phi^{\frac{2}{3}}}\right),$$

$$\Theta = -\Gamma_2\Phi^{\frac{1}{3}}\left(-\Phi^{\frac{2}{3}} + 12\overline{\mu}_1^2 - 4\sigma^2 + 4\Phi^{\frac{1}{3}}\sigma\right),\quad \Psi = \exp\left(\frac{-0.408i\Theta^{\frac{1}{2}}\cos\alpha}{\Gamma_2\Phi^{\frac{1}{3}}}\right)$$

在二维相图上只研究 Az 的平衡问题。方程式(5-64)的 Jacobi 矩阵为

$$J = \begin{pmatrix} 0 & 1 \\ -b_1 & b_2 \end{pmatrix} \tag{5-66}$$

其特征值方程为

$$\lambda_{1,2} = 0.5b_2 \pm 0.5\sqrt{b_2^2 - 4b_1} \tag{5-67}$$

由式(5-65)可得

$$\text{A：}(0.427\times10^{-5}\sin^2(106t+1.4)\exp(\psi) -$$
$$0.168\times10^{-4}\cos(106t+1.4)\exp(-\psi),0) \tag{5-68}$$

式中，$\psi = 0.254i\cos(106t+1.4)$。

推导可得特征值为

$$\lambda_{1,2} = -0.000\,083\,3 \pm 292i \tag{5-69}$$

由式(5-69)的取值可知，两个特征值是共轭复数，且实部小于零，因此平衡态 A 是稳定的焦点，在焦点附近形成的相图是稳定的吸引子。

图 5-6 是横向振动的相图，图 5-6(a)的相轨迹运动杂乱无章；图 5-6(b)的横向振动围绕椭圆运动，向右端的小椭圆汇拢形成焦点；图 5-6(c)形成一个圆形的焦点；图 5-6(d)相图相轨迹彼此分散，相互交错；图 5-6(e)系统围绕焦点运动；图 5-6(f)的相图形成一个圆形的焦点。随着扭矩 M_0 的增大，能使系统的相轨迹发生改变。图 5-7 为图 5-6(b)对应的时间响应是周期性的；图 5-8 为其功率谱，1.8 Hz、3.6 Hz 和 5 Hz 三个频段附近所占的能量较大，前者能量最大是固有频率，后两个是由激励引起的。

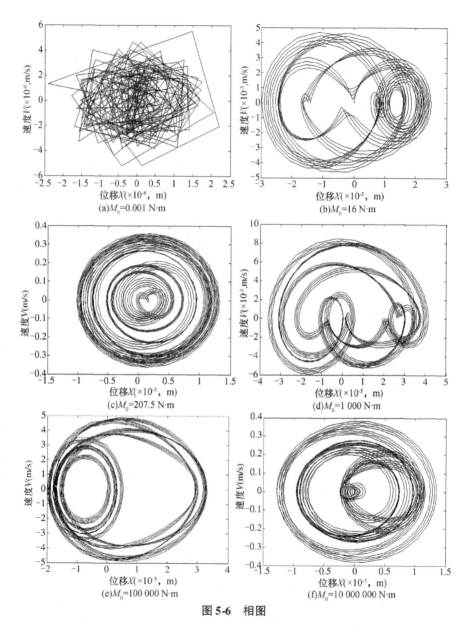

图 5-6　相图

　　图 5-9 为图 5-6(c) 对应的时间响应是周期性的；图 5-10 为其功率谱，4 Hz 频段附近所占的能量最大，同时在其附近的频段 2.8 Hz、3.5 Hz、4.4 Hz 附近所占的能量较大，前者是固有频率，后三个是由激励引起的。结合图 5-6(c) 分析可知，速度和位移都很大是最危险的，在工程实际中要避免这种情况的出现。由此可知，当力矩不同时，对应的时间响应和功率谱都不相同。

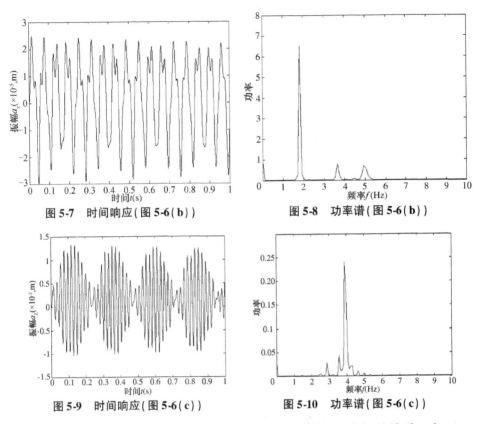

图 5-7　时间响应（图 5-6(b)）

图 5-8　功率谱（图 5-6(b)）

图 5-9　时间响应（图 5-6(c)）

图 5-10　功率谱（图 5-6(c)）

图 5-11 是力幅响应曲线，考虑振幅 a 和激励幅值 M_0 之间的关系。在 $M_0 = 207.5$ N·m 时，振幅达到了最大值，且突然增大，这种情况下非常危险，应在设计时避免此时的取值。图 5-12 是幅频响应曲线，由图可知，振幅随调谐值是线性变化，并且越来越大。

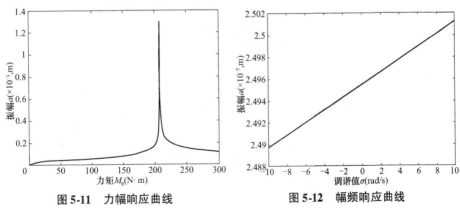

图 5-11　力幅响应曲线

图 5-12　幅频响应曲线

5.2.3　数值分析

由式(5-59)可以计算扭转共振的响应曲线，分析不同参数对响应曲线的影响。

图 5-13 是各个参数影响下系统的幅频响应曲线，具有跳跃现象和滞后现象。由图 5-13(a)可知，增大激励幅值可以增大扭转共振的振幅和共振区；由图 5-13(b)可知，增大阻尼值可以减小扭转共振的振幅和共振区；由图 5-13(c)可知，增大弹性模量可以减小扭转共振的振幅和共振区；由图 5-13(d)~(e)和图 5-13(h)可知，增大皮带总长、从动轮转动惯量和主动轮半径可以增大扭转共振的振幅和共振区，同时跳跃现象和滞后现象越来越弱；由图 5-13(f)~(g)可知，增大从动轮半径和主动轮转动惯量可以减小扭转共振的振幅和共振区，同时跳跃现象越来越弱。

图 5-14 为扭转共振的振幅弹性参数响应曲线，当 $\sigma = 0$ 时，扭转共振曲线关于纵轴 $k = 0$ 对称；当 $\sigma = \pm 0.8$ 时，扭转共振曲线具有跳跃和滞后现象；$\sigma = 0.8$ 与 $\sigma = -0.8$ 的曲线关于纵轴 $k = 0$ 对称。

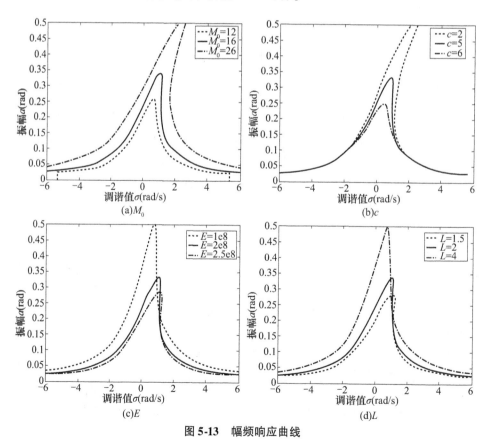

图 5-13　幅频响应曲线

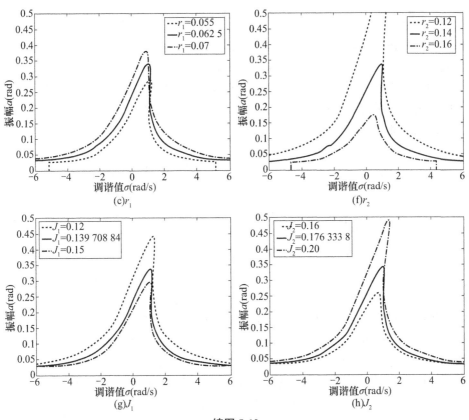

续图 5-13

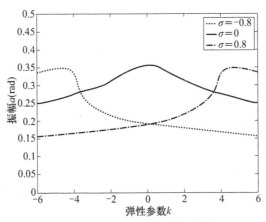

图 5-14　振幅弹性参数响应曲线

应用拉格朗日方程得到了皮带驱动机构的非线性微分方程，分析刚度、外激励、调谐值等参数变化的影响，得到一些幅频响应和力幅响应曲线。应用龙格库塔法分析了横向振动的平衡的稳定性，用数值方法说明了相关参数对频率响应的影响。应用多尺度法研究了系统扭转振动，得到扭转振动响应曲线具有跳跃和滞后现象，同时在一定条件下存在非跳跃曲线。激励幅值可以增大共振振幅，阻尼对系统共振振幅具有抑制作用。结合实际情况对曲线进行分析，得到的结论对此类机构的动态设计具有指导意义。参见文献[9]。

5.3　皮带机构的机电耦联共振研究

5.3.1　传动轴机电耦联分析

实际的电力拖动系统，大多数是电动机通过传动机构与工作机构相连。为了简化多轴系统的分析计算，通常把负载转矩与系统飞轮矩折算到电动机轴上来，变多轴系统为单轴系统。最简单的电力拖动系统是电动机转轴与生产机械的工作机构直接相连，工作机构是电动机的负载，这种简单系统称为单轴电力拖动系统，电动机与负载为一个轴、同一转速，见图5-15。电机本身丰富的非线性动力学特性，需要考虑电机振动对带传动轴的影响，本书主要研究传动轴的振动机制，那么就把皮带负载系统折算到电动机轴上来。电机定子几何中心 o，转子几何中心 $o_1(x, y)$，转子质量中心 $c(x_1, y_1)$，如图5-16所示。

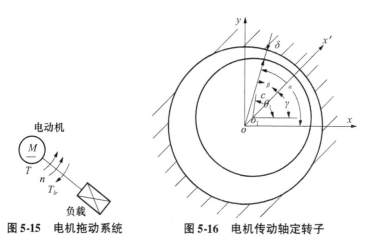

图 5-15　电机拖动系统　　　　图 5-16　电机传动轴定转子

转子振动偏心 $oo_1 = e$，转子质量偏心 $o_1c = r$，由图5-16可得 $x = e\cos\gamma$，$y = e\sin\gamma$，转子相对定子的转动角 $\theta_1 = \omega(1-s)t$，其中 s 是转子的滑差。

电机的气隙合成磁势为

$$F(\alpha,\ t) = F_{1m} \cdot \cos(\omega t - \alpha) + F_{2m} \cdot \cos(\theta_1 + s\omega t - \alpha - \varphi_1 - \varphi_2)$$

F_{1m}、F_{2m} 分别为定子和转子三相合成磁势的幅值，以同步转速 ω 而旋转。

此时系统所具有的动能 $T = \dfrac{1}{2}m\ (\dot{x} - r\dot{\theta}_1\sin\theta_1)^2 + \dfrac{1}{2}m\ (\dot{y} + r\dot{\theta}_1\cos\theta_1)^2$，势

能 $\Pi = \dfrac{1}{2}Kx^2 + \dfrac{1}{2}Ky^2$，式中 m 为转子质量。

电机气隙基波磁场能为 $W_m = \dfrac{RL}{2}\displaystyle\int_0^{2\pi}\Lambda(\alpha,t)\ [\ F_1(\alpha,t) + F_2(\alpha,t)\ ]^2 \cdot \mathrm{d}\alpha$。

振动的耗散函数为 $F = \dfrac{1}{2}\mu_1\ (\dot{x}^2 + \dot{y}^2) + H(\dot{\theta}_1) \cdot \dot{\theta}_1$。把 L、F 代入到拉格朗

日—麦克斯韦方程式得到

$$m \cdot \ddot{x} + \mu_1\dot{x} + Kx - \frac{\lambda_1}{m}x - \frac{3\lambda_1}{2\sigma^3}(x^2 + y^2)x - \frac{x}{2\sigma}(\lambda_2\cos2\omega t + \lambda_3\sin2\omega t) -$$

$$\frac{y}{2\sigma}(\lambda_2\sin2\omega t - \lambda_3\cos2\omega t) - \frac{x^3}{\sigma^3}(\lambda_2\cos2\omega t + \lambda_3\sin2\omega t) + \frac{y^3}{\sigma^3}(\lambda_2\sin2\omega t - \lambda_3\cos2\omega t) -$$

$$\frac{3(x^2 + y^2)y}{2\sigma^3}(\lambda_2\sin2\omega t - \lambda_3\cos2\omega t) = mr\dot{\theta}_1^2\cos\theta_1 + mr\ddot{\theta}_1\sin\vartheta_1 \qquad (5\text{-}70)$$

$$m \cdot \ddot{y} + \mu_1\dot{y} + Ky - \frac{\lambda_1}{m}y - \frac{3\lambda_1}{2\sigma^3}(x^2 + y^2)y - \frac{y}{2\sigma}(\lambda_2\cos2\omega t + \lambda_3\sin2\omega t) -$$

$$\frac{x}{2\sigma}(\lambda_2\sin2\omega t - \lambda_3\cos2\omega t) + \frac{y^3}{\sigma^3}(\lambda_2\cos2\omega t + \lambda_3\sin2\omega t) + \frac{x^3}{\sigma^3}(\lambda_2\sin2\omega t - \lambda_3\cos2\omega t) -$$

$$\frac{3(x^2 + y^2)x}{2\sigma^3}(\lambda_2\sin2\omega t - \lambda_3\cos2\omega t) = mr\dot{\theta}_1^2\sin\theta_1 - mr\ddot{\theta}_1\cos\theta_1 \qquad (5\text{-}71)$$

式中的系数 λ_1、λ_2、λ_3 由下式确定：

$$\lambda_1 = \frac{\pi Rl\Lambda_0}{2\sigma}[\ F_{1m}^2 + F_{2m}^2 + 2F_{1m}F_{2m} \cdot \cos(\varphi_1 + \varphi_2)\ ]$$

$$\lambda_2 = \frac{\pi Rl\Lambda_0}{2\sigma}[\ F_{1m}^2 + 2F_{1m}F_{2m} \cdot \cos(\varphi_1 + \varphi_2) + F_{2m}^2 \cdot \cos2(\varphi_1 + \varphi_2)\ ]$$

$$\lambda_3 = \frac{\pi Rl\Lambda_0}{2\sigma}[\ 2F_{1m}F_{2m} \cdot \sin(\varphi_1 + \varphi_2) + F_{2m}^2 \cdot \sin2(\varphi_1 + \varphi_2)\ ]$$

其中，半径为 R，均匀气隙磁导为 Λ_0，铁心长度为 l，而 F_{1m}、F_{2m} 由下式

确定：

$$\begin{cases} F_{1m} = \dfrac{m_1}{2} \times 0.9 I_1 \dfrac{W_1}{p} K_{w1} \\[3mm] F_{2m} = \dfrac{m_2}{2} \times 0.9 I_1 \dfrac{W_2}{p} K_{w2} \end{cases}$$

式中，W_1 为定子绕组匝数；W_2 转子绕组匝数；m_1 为定子相数；m_2 为转子相数；K_{w1} 为定子绕组系数；K_{w2} 转子绕组系数；p 为极对数。

5.3.1.1　传动轴主参数共振

设 $z = x + iy$，$\bar{z} = x - iy$，将方程式（5-70）和式（5-71）合并，（4.3.1）+ i（4.3.2），对方程进行变换可得

$$\ddot{z} + \omega_0^2 z = -2n\dot{z} + \frac{3R_1}{2\sigma^3} z^2 \bar{z} + \frac{1}{2\sigma}(R_2 - iR_3)\bar{z}e^{2i\omega t} + \frac{1}{4\sigma^3}(R_2 + iR_3)z^3 e^{-2i\omega t} +$$

$$\frac{3}{4\sigma^3}(R_2 - iR_3)\bar{z}^2 z e^{2i\omega t} + r(\dot{\theta}_1^2 e^{i\theta_1} + \ddot{\theta}_1 e^{-i\theta_1}) \tag{5-72}$$

其中，$R_1 = \dfrac{\lambda_1}{m}$，$R_2 = \dfrac{\lambda_2}{m}$，$R_3 = \dfrac{\lambda_3}{m}$，$\omega_0^2 = \dfrac{K}{m} - \dfrac{R_1}{m}$，$2n = \dfrac{\mu_1}{m}$。

研究系统的主参数共振，故在上式左边贯以小参数 ε，且不考虑质量偏心，得非线性振动方程。引入调谐参数 σ_1，由下式确定

$$\omega = \omega_0 + \varepsilon\sigma, \qquad \sigma_1 = o(1) \tag{5-73}$$

利用多尺度法求解方程组，首先引入时间尺度 $T_0 = t$，$T_1 = \varepsilon t$，ε 是小参数，则有一次近似解

$$z = z_0(T_0, T_1) + \varepsilon z_1(T_0, T_1) \tag{5-74}$$

将式（5-73）和式（5-74）代入式（5-2），并令等式两边 ε 同次幂的系数相等，得

$$D_0^2 z_0 + \omega_0^2 z_0 = 0 \tag{5-75}$$

和

$$D_0^2 z_1 + \omega_0^2 z_1 = -2D_0 D_1 z_0 - 2n D_0 z_0 + \frac{3R_1}{2\sigma^3} z_0^2 \bar{z}_0 + \frac{1}{2\sigma}(R_2 - iR_3)e^{2i\omega t}\bar{z}_0 +$$

$$\frac{1}{4\sigma^3}(R_2 + iR_3)e^{-2i\omega t}z_0^3 + \frac{3}{4\sigma^3}(R_2 - iR_3)e^{2i\omega t}z_0\bar{z}_0^2 + \tag{5-76}$$

$$r(\dot{\theta}_{11}^2 e^{i\theta_{11}} + \ddot{\theta}_{11} e^{-i\theta_{11}})$$

由式（5-76）可设解

$$z_0 = A(T_1)e^{i\omega_0 T_0}, \qquad \bar{z}_0 = A(T_1)e^{-i\omega_0 T_0} \tag{5-77}$$

将式（5-77）代入式（5-76）可得

$$D_0^2 z_1 + \omega_0 z_1 = \left[-2(D_1 A - nD_0 A)i\omega_0 + \frac{3R_1}{2\sigma^3}A^2\overline{A} \right] e^{i\omega_0 T_0} + \frac{1}{2\sigma}(R_2 - iR_3)$$

$$\overline{A}e^{(2i\sigma_1 T_1 + i\omega_0 T_0)} + \frac{1}{4\sigma^3}(R_2 + iR_3)A^3 e^{(-2i\sigma_1 T_1 + i\omega_0 T_0)} + \frac{3}{4\sigma^3}(R_2 - iR_3)\overline{A}^2 A e^{(2i\sigma_1 T_1 + i\omega_0 T_0)}$$

消除永年项的条件为

$$-2(D_1 A - nD_0 A)i\omega_0 + \frac{3R_1}{2\sigma^3}A^2\overline{A} + \frac{1}{2\sigma}(R_2 - iR_3)\overline{A}e^{2i\sigma_1 T_1} +$$

$$\frac{1}{4\sigma^3}(R_2 + iR_3)A^3 e^{-2i\sigma_1 T_1} + \frac{3}{4\sigma^3}(R_2 - iR_3)\overline{A}^2 A e^{2i\sigma_1 T_1} = 0 \tag{5-78}$$

设 $A = \dfrac{a}{2}e^{i\beta}$，且 $\overline{A} = \dfrac{a}{2}e^{-i\beta}$，将其代入式(5-78)，分离实部、虚部，得到下列极坐标形式平均方程

$$
\begin{cases}
D_1 a = -na + \dfrac{R_2 a}{4\sigma^3 \omega_0}\left(\dfrac{a^2}{4} + \sigma^2\right)\sin 2(\sigma_1 T_1 - \beta) - \\[3mm]
\dfrac{R_3 a}{4\sigma^3 \omega_0}\left(\dfrac{a^2}{4} + \sigma^2\right)\cos 2(\sigma_1 T_1 - \beta) \\[5mm]
aD_1 \beta = -\dfrac{3R_1 a^3}{16\sigma^3 \omega_0} - \dfrac{R_2 a}{4\sigma^3 \omega_0}\left(\dfrac{a^2}{2} + \sigma^2\right)\cos 2(\sigma_1 T_1 - \beta) - \\[3mm]
\dfrac{R_3 a}{4\sigma^3 \omega_0}\left(\dfrac{a^2}{2} + \sigma^2\right)\sin 2(\sigma_1 T_1 - \beta)
\end{cases}
\tag{5-79}
$$

令 $\sigma_1 T_1 - \beta = \varphi$，上式变为

$$
\begin{cases}
D_1 a = -na + \dfrac{R_2 a}{4\sigma^3 \omega_0}\left(\dfrac{a^2}{4} + \sigma^2\right)\sin 2(\varphi) - \\[3mm]
\dfrac{R_3 a}{4\sigma^3 \omega_0}\left(\dfrac{a^2}{4} + \sigma^2\right)\cos 2(\varphi) \\[5mm]
aD_1 \varphi = \sigma_1 a + \dfrac{3R_1 a^3}{16\sigma^3 \omega_0} + \dfrac{R_2 a}{4\sigma^3 \omega_0}\left(\dfrac{a^2}{2} + \sigma^2\right)\cos 2(\varphi) + \\[3mm]
\dfrac{R_3 a}{4\sigma^3 \omega_0}\left(\dfrac{a^2}{2} + \sigma^2\right)\sin 2(\varphi)
\end{cases}
\tag{5-80}
$$

令 $D_1 a = D_1 \varphi = 0$，则可解得 $\sin 2(\varphi)$、$\cos 2(\varphi)$，即

$$\frac{(R_2^2+R_3^2)}{4\sigma^3\omega_0}\left(\frac{a^2}{2}+\sigma^2\right)\left(\frac{a^2}{4}+\sigma^2\right)\sin2(\varphi)=nR_2\left(\frac{a^2}{2}+\sigma^2\right)-R_3\left(\sigma_1+\frac{3R_1a^2}{16\sigma^3\omega_0}\right)\left(\frac{a^2}{4}+\sigma^2\right)$$

$$(5\text{-}81)$$

$$-\frac{(R_2^2+R_3^2)}{4\sigma^3\omega_0}\left(\frac{a^2}{2}+\sigma^2\right)\left(\frac{a^2}{4}+\sigma^2\right)\sin2(\varphi)=nR_3\left(\frac{a^2}{2}+\sigma^2\right)+R_2\left(\sigma_1+\frac{3R_1a^2}{16\sigma^3\omega_0}\right)\left(\frac{a^2}{4}+\sigma^2\right)$$

$$(5\text{-}82)$$

式(5-81)和式(5-82)平方相加得到

$$C_1a^8+C_2a^6+C_3a^4+C_4a^2+C_5=0 \tag{5-83}$$

$$\varphi=\frac{1}{2}\arctan\frac{R_3\left(\sigma_1+\dfrac{3R_1a^2}{16\sigma^3\omega_0}\right)\left(\dfrac{a^2}{4}+\sigma^2\right)-nR_2\left(\dfrac{a^2}{2}+\sigma^2\right)}{nR_3\left(\dfrac{a^2}{2}+\sigma^2\right)+R_2\left(\sigma_1+\dfrac{3R_1a^2}{16\sigma^3\omega_0}\right)\left(\dfrac{a^2}{4}+\sigma^2\right)} \tag{5-84}$$

其中

$$C_1=\frac{9(R_2^2+R_3^2)}{(16\sigma^3\omega_0)^2}\left(\frac{R_1}{4}-(R_2^2+R_3^2)\right)$$

$$C_2=\frac{3}{32\sigma^3\omega_0}\left[(M_1R_2-M_2R_3)R_1-\frac{R_2^2+R_3^2}{8\sigma\omega_0}\right]$$

$$C_3=M_1^2+M_2^2-\frac{13(R_2^2+R_3^2)}{256\sigma^2\omega_0^2}+\frac{3}{32\sigma^3\omega_0}(nR_3+\sigma_1R_2)R_1R_2\sigma^2-$$

$$\frac{3}{32\sigma^3\omega_0}(nR_2-\sigma_1R_3)R_1R_3\sigma^2$$

$$C_4=-\frac{3(R_2^2+R_3^2)}{32\omega_0^2}+2\sigma^2M_2(nR_2-\sigma_1R_3)+2\sigma^2M_1(nR_3+\sigma_1R_2)$$

$$C_5=(nR_2-\sigma_1R_3)\sigma^2+[(nR_3+\sigma_1R_2)\sigma^2]^2-\frac{(R_2^2+R_3^2)\sigma^2}{16\omega_0^2}$$

$$M_1=\frac{nR_3}{2}+\frac{\sigma_1R_2}{4}+\frac{3R_1R_2}{16\sigma\omega_0},\quad M_2=\frac{nR_2}{2}-\frac{\sigma_1R_3}{4}-\frac{3R_1R_3}{16\sigma\omega_0}$$

式(5-83)为幅频响应方程，式(5-84)为相频响应方程。由式(5-83)可以计算主参数共振的幅频响应曲线。

由图5-17可知，说明电机转子的电磁参数对共振有影响，随着调谐参数σ_1的变化可以引起系统的非线性振动，极对数变化时，参数共振的拓扑分岔曲线也变化。

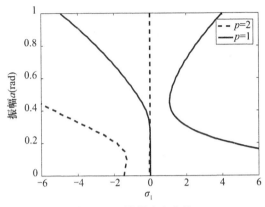

图 5-17　幅频响应曲线

5.3.1.2　电磁参数影响下的数值分析

不考虑质量偏心，将方程式 (5-72) 改写成

$$
\begin{cases}
\dot{z} = u \\
\dot{u} = -\omega_0^2 z - 2nu + \dfrac{3R_1}{2\sigma^3}z^2\bar{z} + \dfrac{1}{2\sigma}(R_2 - iR_3)\bar{z}e^{2i\omega t} + \dfrac{1}{4\sigma^3}(R_2 + iR_3)z^3 e^{-2i\omega t} + \\
\qquad \dfrac{3}{4\sigma^3}(R_2 - iR_3)\bar{z}^2 z e^{2i\omega t}
\end{cases}
$$

(5-85)

额定运转时，电机的参数如下：$K = 3.6 \times 10^5$ kg/m，$m = 6.5$ kg，$\delta_0 = 0.55 \times 10^{-3}$ m，$k_\mu = 1.28$，$R = 0.145$ m，$L = 0.160\ 8$ m，$R_1 = 1.375\ \Omega$，$R_2' = 1.047\ \Omega$，$X_{1\sigma} = 2.43\ \Omega$，$X_{2\sigma}' = 4.4\ \Omega$，$R_m = 8.34\ \Omega$，$X_m = 82.6\ \Omega$，$p = 2$，$\mu_0 = 4\pi \times 10^{-7}$，$U = 380$ V，$I_N = 20.1$ A，$s = 0.028$，$m_1 = 3$，$m_2 = 16$，$W_1 = 18$，$W_2 = 0.5$，$K_{w1} = 0.96$，$K_{w2} = 1$，$n = 80$，$\sigma = 7.04 \times 10^{-4}$。

采用四阶龙格库塔法对式 (5-85) 进行数值计算，可以得到图 5-18。当增大调谐参数 σ_1 时，振幅的稳定值越来越小，振幅逐渐稳定，如图 5-18(a) 所示。当转子刚度系数 K 增大时，振幅的稳定值越来越小，见图 5-18(b)。如图 5-18(c) 所示，系统的相轨迹呈现类似椭圆区域，且迅速向内收缩。图 5-18(d) 为其功率谱，发现 340 Hz 附近的频段所占的能量最大。

图 5-19 是轴心轨迹，轨迹比较有规律，向内稳定收缩。

5.3.2　皮带机构机电耦联分析

设两个刚性轮由具有非线性材质的皮带连接，主动轮上作用有简谐力矩

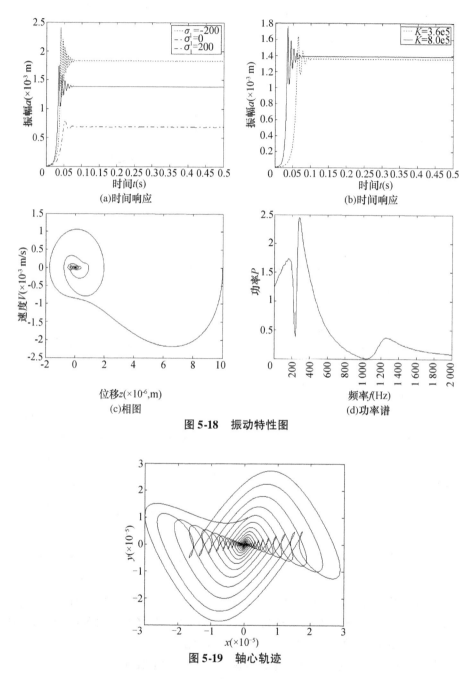

图 5-18　振动特性图

图 5-19　轴心轨迹

$M_0\cos\Omega$ 系统的结构简图如图 5-20（a）所示。由图 5-20（a）可知，r_1 为主动轮半径，r_2 为从动轮半径，J_1 为主动轮转动惯量，J_2 为从动轮转动量，K_1 为皮带的线性拉伸刚度，k' 为皮带的平方非线性拉伸弹性参数，k 为皮带的立方非线性拉伸弹性参数，c 为黏性阻尼系数。皮带的总长 $L = 2\sqrt{\left(\dfrac{d_2 - d_1}{2}\right)^2 + a_{12}^2} + \pi\left(\dfrac{d_2 - d_1}{2}\right)$，$K_1 = EA/L$，$E$ 是带的弹性模量，A 是带的横截面面积。若皮带轮在运转中皮带的绝对伸长为 ξ，则皮带所具有的非线性弹性力 $F = K_1\xi + K_1 k'\xi^2 + K_1 k\xi^3$，阻尼力 $F' = c\dot{\xi}$。

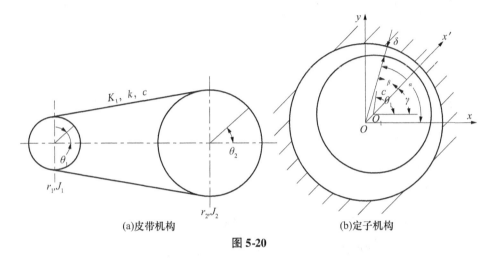

(a)皮带机构　　　　　　　　　　　　(b)定子机构

图 5-20

考虑电机，如图 5-20(b)定子内圆几何中心 O(坐标原点)，转子质量中心 $c(x_1, y_1)$，转子外圆几何中心 $O_1(x, y)$，转子振动偏心 $OO_1 = e$，转子质量偏心 $O_1 c = r$，转子在定子气隙内受磁场的电磁力作用下，一方面绕 O_1 点转动，另一方面中心绕 O_1 随转子做进动运动，m 为转子质量，则 $x = e\cos\gamma$，$y = e\sin\gamma$，$\theta_1 = \omega(1 - s)t$。

电动机的定子与转子的气隙合成磁势

$$F(\alpha, t) = F_{1m} \cdot \cos(\omega t - \alpha) + F_{2m} \cdot \cos(\theta_1 + s\omega t - \alpha - \varphi_1 - \varphi_2)$$

式中，F_{1m} 为定子三相合成磁势的幅值；F_{2m} 为转子三相合成磁势的幅值。

$\theta_1 = (1 - s)\omega t$ 是转子相对定子的转动角，s 是转子的滑差。因转子电流的相位角滞后定子电流 $\varphi_1 + \varphi_2$，故转子磁势也滞后于定子磁势 $\varphi_1 + \varphi_2$，但转子磁势和定子磁势一样，以同步转速 ω 而旋转。

电机气隙基波磁场能为

$$W_m = \frac{RL}{2}\int_0^{2\pi}\Lambda(\alpha,t)\left[F_1(\alpha,t)+F_2(\alpha,t)\right]^2\cdot d\alpha$$

$$W_m = \frac{Rl\Lambda_0}{2}\int_0^{2\pi}\left\{\left[1+\frac{x^2+y^2}{2\sigma^2}+\frac{3(x^2+y^2)^2}{8\sigma^4}\right]+\left[\frac{1}{\sigma}+\frac{3(x^2+y^2)}{4\sigma^3}\right]\cdot x\cos\alpha+\right.$$

$$\left[\frac{1}{\sigma}+\frac{3(x^2+y^2)}{4\sigma^3}\right]\cdot y\cos\alpha+\left[\frac{x^2-y^2}{2\sigma^2}+\frac{x^4-y^4}{2\sigma^4}\right]\cos 2\alpha+\left[\frac{xy}{\sigma^2}+\frac{(x^3y+xy^3)}{\sigma^4}\right]$$

$$\sin 2\alpha+\frac{1}{4\sigma^3}(x^3-3xy^2)\cos 3\alpha+\frac{1}{4\sigma^3}(3x^2y-y^3)\sin 3\alpha+\frac{1}{8\sigma^4}(x^4-6x^2y^2)\cos 4\alpha+$$

$$\frac{1}{2\sigma^4}(x^3y-xy^3)\sin 4\alpha\bigg\}\left[F_{1m}\cos(\omega t-\alpha)+F_{2m}\cos(\theta_1+s\omega t-\alpha-\varphi_1-\varphi_2)\right]^2 d\alpha$$

此时系统所具有的动能 T、势能 Π 为

$$T = \frac{1}{2}m\left(\dot{x}-r\dot{\theta}_1\sin\theta_1\right)^2+\frac{1}{2}m\left(\dot{y}+r\dot{\theta}_1\cos\theta_1\right)^2+\frac{1}{2}J_1\dot{\theta}_1^2+\frac{1}{2}J_2\dot{\theta}_2^2$$

$$\Pi = \frac{1}{2}Kx^2+\frac{1}{2}Ky^2+(2K_1)(r_1\theta_1-r_2\theta_2)^2/2+(2k'K_1)(r_1\theta_1-r_2\theta_2)^3/3+$$

$(2kK_1)(r_1\theta_1-r_2\theta_2)^4/4$

Lagrange 函数 $L = T-\Pi+W_m$。

振动的耗散函数 $F = \frac{1}{2}\mu_1(\dot{x}^2+\dot{y}^2)+H(\dot{\theta}_1)\cdot\dot{\theta}_1+(2c)(r_1\dot{\theta}_1-r_2\dot{\theta}_2)^2/2$。

把 L、F 代入到拉格朗日—麦克斯韦方程式得到方程式

$$\frac{d}{dt}\left(\frac{\partial L}{\partial\dot{x}}\right)-\frac{\partial L}{\partial x}+\frac{\partial F}{\partial\dot{x}}=0$$

$$\frac{d}{dt}\left(\frac{\partial L}{\partial\dot{y}}\right)-\frac{\partial L}{\partial y}+\frac{\partial F}{\partial\dot{y}}=0$$

$$\frac{d}{dt}\left(\frac{\partial L}{\partial\dot{\theta}_1}\right)-\frac{\partial L}{\partial\theta_1}+\frac{\partial F}{\partial\dot{\theta}_1}=M_0\cos\Omega t$$

$$\frac{d}{dt}\left(\frac{\partial L}{\partial\dot{\theta}_2}\right)-\frac{\partial L}{\partial\theta_2}+\frac{\partial F}{\partial\dot{\theta}_2}=0$$

基于电机气隙基波磁场能 W_m、系统所具有的动能 T 和势能 Π、振动的耗散函数 F，由拉格朗日—麦克斯韦方程式得到方程式

$$m\ddot{x}+\mu_1\dot{x}+Kx-\frac{\lambda_1}{m}x-\frac{3\lambda_1}{2\sigma^3}(x^2+y^2)x-\frac{x}{2\sigma}(\lambda_2\cos 2\omega t+\lambda_3\sin 2\omega t)-$$

$$\frac{y}{2\sigma}(\lambda_2\sin 2\omega t-\lambda_3\cos 2\omega t)-\frac{x^3}{\sigma^3}(\lambda_2\cos 2\omega t+\lambda_3\sin 2\omega t)+\frac{y^3}{\sigma^3}(\lambda_2\sin 2\omega t-\lambda_3\cos 2\omega t)-$$

$$\frac{3(x^2+y^2)y}{2\sigma^3}(\lambda_2\sin2\omega t-\lambda_3\cos2\omega t)=mr\dot{\theta}_1^2\cos\theta_1+mr\ddot{\theta}_1\sin\theta_1 \quad (5\text{-}86)$$

$$m\ddot{y}+\mu_1\dot{y}+Ky-\frac{\lambda_1}{m}y-\frac{3\lambda_1}{2\sigma^3}(x^2+y^2)y-\frac{y}{2\sigma}(\lambda_2\cos2\omega t+\lambda_3\sin2\omega t)-$$

$$\frac{x}{2\sigma}(\lambda_2\sin2\omega t-\lambda_3\cos2\omega t)-\frac{x^3}{\sigma^3}(\lambda_2\cos2\omega t+\lambda_3\sin2\omega t)+\frac{x^3}{\sigma^3}(\lambda_2\sin2\omega t-\lambda_3\cos2\omega t)-$$

$$\frac{3(x^2+y^2)x}{2\sigma^3}(\lambda_2\sin2\omega t-\lambda_3\cos2\omega t)=mr\dot{\theta}_1^2\cos\theta_1+mr\ddot{\theta}_1\sin\theta_1 \quad (5\text{-}87)$$

$$J_1\ddot{\theta}_1+2K_1r_1(r_1\theta_1-r_2\theta_2)+2K_1k'r_1(r_1\theta_1-r_2\theta_2)^2+$$

$$2K_1kr_1(r_1\theta_1-r_2\theta_2)^3+2cr_1(r_1\dot{\theta}_1-r_2\dot{\theta}_2)+mr(\ddot{y}\cos\theta_1-\ddot{x}\sin\theta_1+H(\ddot{\theta}_1)-$$

$$N_1-\frac{3N_1}{8\sigma^4}(x^2+y^2)^2+\left[\frac{N_2}{4\sigma^2}(x^2-y^2)-\frac{N_3}{4\sigma^4}xy\right]\sin2\omega t-\left[\frac{N_3}{4\sigma^2}(x^2-y^2)+\right.$$

$$\left.\frac{N_2}{2\sigma^2}xy\right]\cos2\omega t+\left[\frac{N_2}{4\sigma^4}(x^4-y^4)-\frac{N_3}{2\sigma^4}(x^3y+xy^3)\right]\sin2\omega t-$$

$$\left[\frac{N_3}{4\sigma^4}(x^4-y^4)+\frac{N_2}{2\sigma^4}(x^3y+xy^3)\right]\cos2\omega t=M_0\sin\Omega t \quad (5\text{-}88)$$

$$J_2\ddot{\theta}_2+2K_1r_2(r_2\theta_2-r_1\theta_1)+2K_1kr_2(r_2\theta_2-r_1\theta_1)^2+$$

$$2K_1kr_2(r_2\theta_2-r_1\theta_1)^3+2cr_2(r_2\dot{\theta}_2-r_1\dot{\theta}_1)=0 \quad (5\text{-}89)$$

这是周期系数的非线性微分方程组，式(5-86)和式(5-87)是横向和纵向振动方程，式(5-88)和式(5-89)是两个轮子的转动方程式。式中的系数 λ_1、λ_2、λ_3、N_1、N_2、N_3 由下式确定：

$$\lambda_1=\frac{\pi Rl\Lambda_0}{2\sigma}\left[F_{1m}^2+F_{2m}^2+2F_{1m}F_{2m}\cos(\varphi_1+\varphi_2)\right]$$

$$\lambda_2=\frac{\pi Rl\Lambda_0}{2\sigma}\left[F_{1m}^2+2F_{1m}F_{2m}\cos(\varphi_1+\varphi_2)+F_{2m}^2\cos2(\varphi_1+\varphi_2)\right]$$

$$\lambda_3=\frac{\pi Rl\Lambda_0}{2\sigma}\left[2F_{1m}F_{2m}\sin(\varphi_1+\varphi_2)+F_{2m}^2\sin2(\varphi_1+\varphi_2)\right]$$

$$N_1=\pi Rl\Lambda_0 F_{1m}F_{2m}\sin(\varphi_1+\varphi_2)$$

$$N_2=\pi Rl\Lambda_0\left[F_{1m}F_{2m}\cos(\varphi_1+\varphi_2)+F_{2m}^2\cos2(\varphi_1+\varphi_2)\right]$$

$$N_3=\pi Rl\Lambda_0\left[F_{1m}F_{2m}\sin(\varphi_1+\varphi_2)+F_{2m}^2\sin2(\varphi_1+\varphi_2)\right]$$

式中，R 为半径；l 为铁芯长度；Λ_0 为均匀气隙磁导；而 F_{1m}、F_{2m} 为

$$\begin{cases} F_{1m} = \dfrac{m_1}{2} \times 0.9 I_1 \dfrac{w_1}{p} K_{w1} \\ F_{2m} = \dfrac{m_2}{2} \times 0.9 I_1 \dfrac{w_2}{p} K_{w2} \end{cases}$$

式中，m_1、m_2 分别为定子与转子的相数；w_1、w_2 分别为定子与转子的绕组匝数；K_{w1}、K_{w2} 分别为定子与转子的绕组系数；p 为极对数。

定子电流 I_1、转子电流 I_2 及 φ_1、φ_2 等变量可由下式确定

$$\begin{cases} -u_1 \cos(\phi_1 + \varphi_1) = I_0 Z_m - I_1 R_1 \cos\varphi_1 + I_1 X_{\sigma 1} \sin\varphi_1 \\ -u_1 \sin(\phi_1 + \varphi_1) = -I_1 R_1 \sin\varphi_1 - I_1 X_{\sigma 1} \cos\varphi_1 \\ I_0 Z_m = \dfrac{R_2'}{s} I_2' \cos\varphi_2 + I_2' X_{\sigma 2}' \sin\varphi_2 \\ 0 = -\dfrac{R_2'}{s} I_2' \sin\varphi_2 + I_2' X_{\sigma 2}' \cos\varphi_2 \\ I_1 \sin\varphi_1 - I_2' \sin\varphi_2 = I_0 \cos\alpha \\ -I_1 \cos\varphi_1 - I_2' \cos\varphi_2 = I_0 \sin\alpha \\ m_1 u_1 I_1 \cos\varphi_1 = m_1 I_0^2 R_m + m_1 I_1^2 R_1 + m_1 \dfrac{R_2'}{s} I_2'^2 + P_2 \end{cases}$$

以上方程组中最后一个方程是电机的功率平衡方程，φ_1 为功率因数角，P_2 为转子轴输出功率，I_2' 为转子的换算电流，I_0 为电动机的励磁电流，u_1 为电机的相电压，Z_m 为励磁阻抗，R_1 为定子电阻，R_2' 为转子换算电阻，$X_{\sigma 1}$ 为定子漏抗，$X_{\sigma 2}'$ 为转子换算漏抗。

方程式(5-86)～式(5-89)形成统一的数学系统，应用此数学系统可研究皮带驱动机构的非线性振动的规律。其中，式(5-86)和式(5-87)耦联，同时都和式(5-88)耦联，式(5-88)和式(5-89)耦联，式(5-89)独立于式(5-86)和式(5-87)。

当转子的质量偏心 $r = 0$ 时，方程组的耦联简化为，式(5-86)和式(5-87)耦联，共同影响式(5-88)，式(5-88)和式(5-89)耦联，式(5-89)独立于式(5-86)和式(5-87)。采用四阶龙格库塔法对式(5-86)～(5-89)进行数值计算。

5.3.2.1　电机额定运转

电机的参数见 5.3.1 部分。皮带机构如无特殊声明，参数取值为：$E = 200$ MPa，$M_0 = 100$ N·m，$A = 405$ mm^2，$a_{12} = 677.4$ mm，$d_1 = 125$ mm，$d_2 = 280$ mm，$J_1 = 4.320\,884 \times 10^{-2}$ kg·m^2，$J_2 = 0.176\,333\,8$ kg·m^2，$c = 100$ N·s/m。

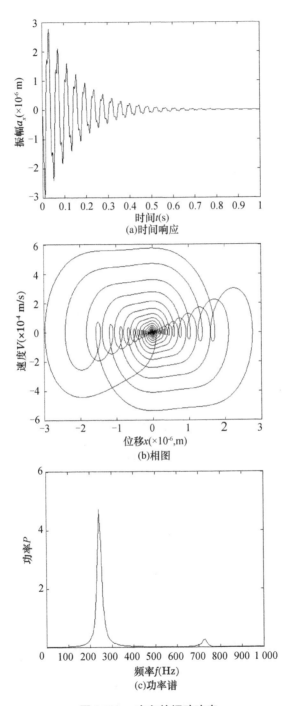

图 5-21 x 方向的振动响应

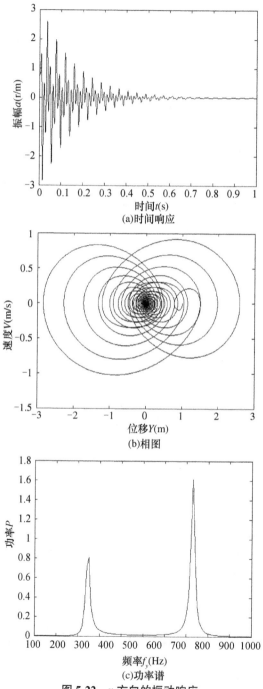

(a)时间响应

(b)相图

(c)功率谱

图 5-22　y 方向的振动响应

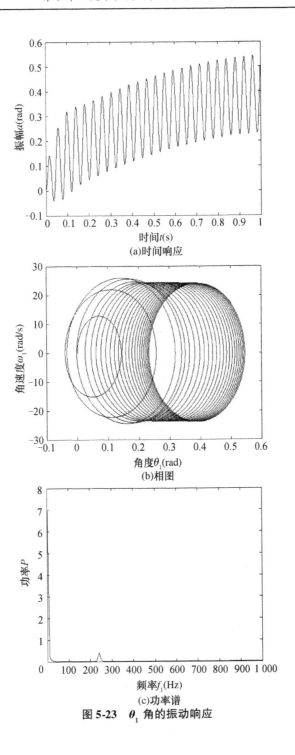

(a)时间响应

(b)相图

(c)功率谱

图 5-23　θ_1 角的振动响应

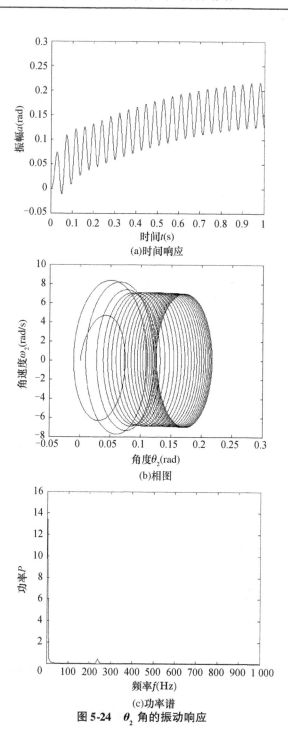

(a)时间响应

(b)相图

(c)功率谱

图 5-24　θ_2 角的振动响应

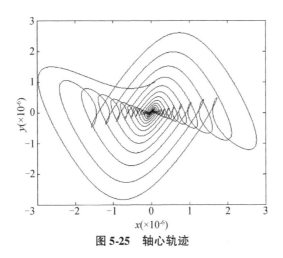

图 5-25　轴心轨迹

图 5-21～5-24 中，(a)是系统的时间响应，(b)是(a)对应的相图，(c)是(a)对应的功率谱。在图 5-21 和图 5-22 中，由时间响应(a)可知随着时间的增大，振幅逐渐稳定；由相图(b)可知，系统的相轨迹比较有规律，稳定向内收缩。在图 5-21(c)中可以清楚看出有 2 段频率，发现在 240 Hz 附近的频段所占的能量最大。在图 5-22(c)中可以清楚看出有 2 段频率，发现在 730 Hz 附近的频段所占的能量最大。在图 5-23 和图 5-24 中，由时间响应(a)可知随着时间的增大，振幅逐渐增大，还呈现周期变化；对应的相图(b)，系统的相轨迹围绕椭圆区域向左不断移动，大小没有明显改变；由功率谱(c)可以清楚看出有 2 段频率，发现在 0 Hz 附近的频段所占的能量最大。图 5-25 是轴心轨迹，轨迹比较有规律，向内稳定收缩。参见文献[11]。

5.3.2.2　电机启动

启动电机是利用龙格库塔法求解皮带驱动系统机电耦联弯扭耦合非线性振动解，启动电机的参数见 5.3.2 部分，皮带和带轮机构的参数取值同上，除 $c = 340$ Ns/m 外。电机启动时部分参数变为 $X_{1\sigma} = 1.65$ Ω，$X'_{2\sigma} = 2.24$ Ω，$s = 1$。

图 5-26～5-29 中电机启动时，(a)是系统的时间响应，(b)是其相图，(c)是其功率谱。在位移图 5-26 和图 5-27 中，由时间响应(a)可知随着时间的增大，振幅从开始的剧烈振动快速趋于稳定；由相图(b)可知，系统的相轨迹从比较大的值开始，很快就向内收敛并稳定于比较小的值。在图 5-26(c)中的功率谱发现在 140 Hz 附近的频段所占的能量最大。在图 5-27(c)中发现功率谱在 350 Hz 附近的频段所占的能量最大。

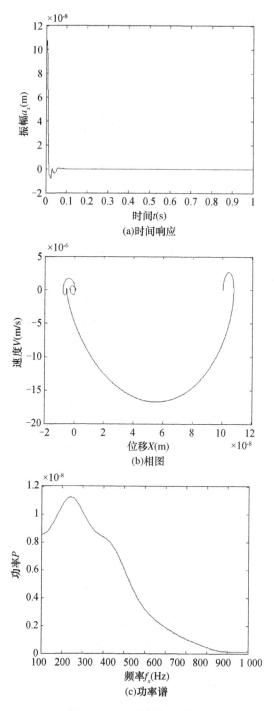

图 5-26　*x* 方向的振动响应

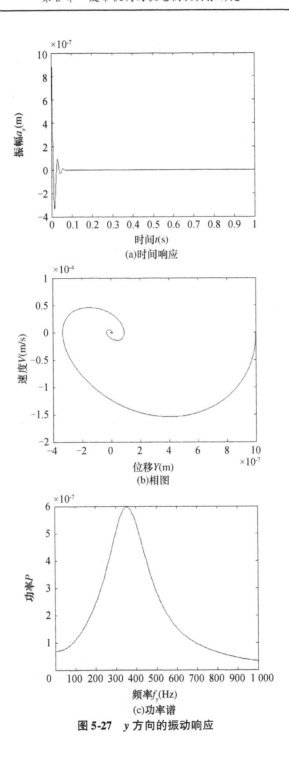

(a)时间响应

(b)相图

(c)功率谱

图 5-27　y 方向的振动响应

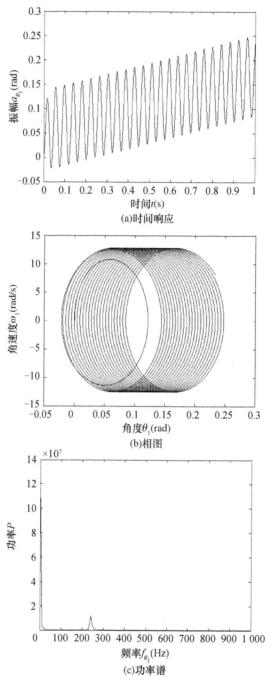

图 5-28　θ_1 角的振动响应

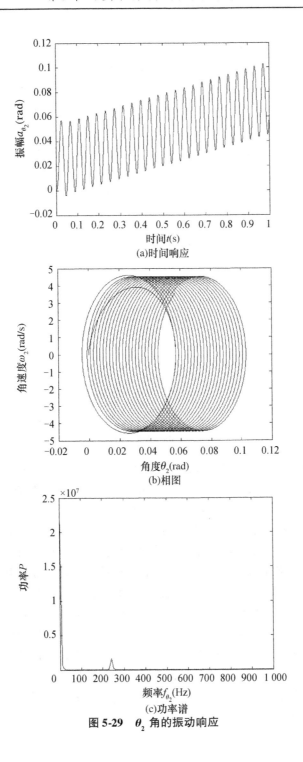

(a)时间响应

(b)相图

(c)功率谱

图 5-29　θ_2 角的振动响应

在转角图 5-28 和图 5-29 中，由时间响应（a）可知，随着时间的增大，振幅逐渐增大，并且呈现周期变化；对应的相图（b），系统的相轨迹围绕椭圆区域向左不断移动，这与时间响应图对应，由此可知，电机对扭转振动的影响不是很明显；由功率谱（c）可以清楚看出有 2 段频率，发现在 0 Hz 附近的频段所占的能量最大。

图 5-30 是轴心轨迹，5-30（a）是电机启动时的轨迹，从比较大的值开始，很快就向稳定内收缩，最终趋近很小的值，这表明在启动时电机不稳定；5-30（b）是电机额定运行时的轨迹，图线有规律，向内稳定收缩。参见文献［12］。

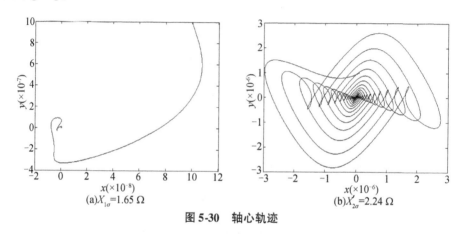

(a)$X_{1\sigma}$=1.65 Ω　　　　　　(b)$X_{2\sigma}$=2.24 Ω

图 5-30　轴心轨迹

本章应用拉格朗日方程得到了皮带驱动机构的非线性微分方程，分析刚度、外激励、调谐值等参数变化时的影响，得到一些幅频响应和力幅响应曲线。分析了横向振动平衡的稳定性，用数值方法说明了相关参数对频率响应的影响。系统扭转振动响应曲线具有跳跃和滞后现象，同时存在非跳跃曲线。应用拉格朗日—麦克斯韦方程建立了皮带驱动机构的机电耦联弯扭耦合非线性振动方程，运用龙格库塔法分析了机电耦联系统的非线性特征，并进行了数值分析，得到了相图、时间响应、频率图谱和轴心轨迹。电机在额定运转和启动时对系统的影响很大，分别得到了相图、时间响应、频率图谱和轴心轨迹。运用数值法分析了机电耦联系统的非线性特征。轴心轨迹有明显的变化，位移图的时间响应图和相图均说明电机启动时电机不稳定；由转角相图可知电机启动时对扭转振动的影响不是很明显。这种现象符合电机启动时开始不稳定，额定运行时稳定的实际情况。结合实际情况对曲线进行分析，得到的结论对此类机构的动态设计具有指导意义。

参考文献

[1] 李高峰，杨志安. 皮带驱动机构非线性研究进展与机电耦联动力学模型[J]. 河北理工学院学报，2006(4)：107-113，118.

[2] 杨志安，李高峰. 传送带系统主参数共振分析[J]. 应用数学和力学，2009，30(6)：701-712.

[3] 李高峰. 黏弹性传动带系统 1/2 次亚谐—主参数共振分析[J]. 机械传动，2015，39(12)：149-152.

[4] 杨志安，李高峰. 皮带驱动机构的主共振与稳定性[J]. 机械强度，2007，27(2)：33-35.

[5] 李高峰，杨志安. 皮带驱动机构的 1/3 次亚谐共振分析[J]. 机械强度，2008(3)：371-375.

[6] Zhi-an Yang, Gao-feng Li. The third superharmonic resonance of the belt driver mechanism[C]. ICOPE-2007：523-526(EI, ISTP), Hangzhou, China.

[7] 杨志安，李高峰. 皮带驱动机构的主共振近似解分析[J]. 机械强度，2009，31(5)：697-701.

[8] 李高峰. 皮带驱动机构的强非线性振动研究[J]. 机械传动，2014，38(6)：23-25.

[9] 李高峰. 皮带驱动机构的横扭耦合共振[J]. 机械传动，2014，38(1)：138-142，149.

[10] 李高峰. 皮带驱动机构非线性动力学研究[D]. 唐山：河北理工大学，2007.

[11] LI Gaofeng, YANG Zhi-An, XIN Jing. Research on Electromechanical Coupling and Bending-Torsion Vibration of the Belt Driver Mechanism, Proceedings of the 29th Chinese Control Conference, Beijing, July 29-31, 2010[C]. Beijing：Beijing University Press, 2010：381-385.

[12] 李高峰. 电机起动时皮带驱动机构的机电耦合振动分析[J]. 机械传动，2015，39(10)：113-116.

[13] 陈予恕. 非线性振动[M]. 北京：高等教育出版社，2002.

[14] 闻邦椿，等. 工程非线性振动[M]. 北京：科学出版社，2007.

[15] 胡海岩. 应用非线性动力学[M]. 北京：航空工业出版社，2000.

[16] 刘延柱，陈立群. 非线性振动[M]. 北京：高等教育出版社，2001.

[17] Nayfeh A H, Mook D T. Nonlinear Oscillation[M]. New York：Wiley-interscience, 1979.

[18] 董刚，李建功，潘凤章. 机械设计(机械类)[M]. 3 版. 北京：机械工业出版社，2001.

[19] 石红斌，马迅，刘宇朗. 物流系统中皮带驱动滚筒型输送机的设计[J]. 机电工程技术，2004，33(7)：76-77.

[20] 任廷志，孙蓟权. 双卷筒皮带驱动最佳负荷分配的探讨[J]. 黑龙江冶金，1997(4)：9-10，46.

[21] 崔道碧. 皮带传动的非线性扭转振动分析[J]. 机械强度，1994，16(4)：66-69.

[22] 成经平. 高速带传动系统的动力学分析[J]. 黄石高等专科学校学报，2001，17(1)：28-30.

[23] 陈立群，吴哲民. 一类平带驱动系统非线性振动的幅频特性[J]. 工程力学，2003，20(1)：149-152.

[24] 闻欣荣，孔建益. 带传动的动态分析及寿命的评估[J]. 机械传动，2003，27(2)：33-35，50.

[25] 刘莹，温诗铸. 带传动中传动带弹性性质的非线性与分析[J]. 南昌大学学报(工科版)，2002，24(1)：8.

[26] 杨玉萍，钱永明，沈世德. 同步带传动纵向振动的分析[J]. 机械传动，2002，26(4)：38-41，65.

[27] 杨玉萍，张小美，沈世德. 同步带传动系统横向振动的分析研究[J]. 机械传动，2003，20(1)：28-30.

[28] Serge Abrate. 皮带和带传动的振动[J]. 刘渡，译. 国外建材译丛，1993(3)：30-42.

[29] 朱从鉴. 皮带传动中弹性滑动的影响分析[J]. 上海机械学院学报，1993，15(4)：92-99.

[30] 张家驷. 带传动的动态特性研究[J]. 机械传动，1998，22(1)：15-17.

[31] 张有忱，马萍. V带传动中附加摩擦力的研究[J]. 北京化工大学学报，1999，26(1)：37-40.

[32] 陈扬枝，黄平，何军. 弹性啮合与摩擦耦合带传动动力学试验研究[J]. 中国机械工程，2000，11(8)：901-904.

[33] 刘承义. 发动机附件皮带传动系统设计[J]. 汽车技术，1993(4)：16-22.

[34] 刘元冬，王文林，罗明军. 基于Adams发动机前端附件带传动的动态特性研究[J]. 机械传动，2013，37(6)：28-32.

[35] 上官文斌，林浩挺. 发动机前端附件驱动系统中带横向振动的计算与实测分析[J]. 内燃机工程，2013，34(2)：24-29.

[36] 上官文斌，张智，许秋海. 多楔带传动系统轮——带振动的实测与计算方法研究[J]. 机械工程学报，2011，47(21)：28-36.

[37] 王小莉，上官文斌，张少飞，等. 发动机前端附件驱动系统——曲轴扭振系统耦合建模与曲轴扭振分析[J]. 振动工程学报，2011，24(5)：505-513.

[38] 王小莉，上官文斌，花正明. 单根多楔带传动系统带横向振动的计算方法[J]. 振动工程学报，2010，23(6)：606-615.

[39] 曾祥坤，上官文斌，张少飞. 具有单向离合解耦器的发动机前端附件驱动系统的旋转振动建模及参数优化设计[J]. 内燃机学报，2012，30(2)：179-185.

[40] 陶润，侯之超. 发动机前端附件带传动系统功率损失的仿真分析[J]. 清华大学学报(自然科学版)，2015，55(7)：790-796.

［41］曾祥坤，上官文斌，侯之超．发动机前端附件驱动系统旋转振动实测与计算方法［J］．内燃机学报，2011，29（4）：355-363.

［42］王象武，侯之超．发动机前端附件带传动系统固有频率算法的研究［J］．汽车工程，2012，34（10）：943-947.

［43］劳耀新，侯之超，吕振华．发动机前端附件带传动系统频率灵敏度分析［J］．汽车工程，2006（5）：477-481，486.

［44］陶润．发动机前端附件皮带传动系统的功率损失研究［D］．北京：清华大学，2015.

［45］王象武，侯之超．基于转动振动控制的发动机前端附件带传动系统优化［J］．内燃机学报，2011，29（5）：475-479.

［46］邱家俊．机电耦联动力系统的非线性振动［M］．北京：科学出版社，1996.

［47］邱家俊．机电分析动力学［M］．北京：人民出版社，1992.

［48］邱家俊．机电耦联的非线性振动问题［C］//全国振动理论与应用会议论文集，1993.

［49］邱家俊．杨志安电磁非线性的拉格期日-麦克斯韦方程的推广［C］//一般力学论文集，北京：北京大学出版社，1994.

［50］杨志安．发电机组轴系扭振多重共振及电磁激发横、扭耦合振动研究［D］．天津：天津大学，1997.

［51］杨志安，邱家俊，李文兰．发电机转子气隙磁非线性耦合振动分析［J］．振动工程学报，2000，13（2）.

［52］杨志安．发电机组轴系弯扭耦合电磁激发振动数学模型［J］．唐山高等专科学校学报，2000，13（2）.

［53］闻邦椿，李以农，韩清凯．非线性振动理论中的解析方法及工程应用［M］．沈阳：东北大学出版社，2001.

［54］席晓燕．发电机组故障运行机电耦联扭振研究［D］．唐山：河北理工大学，2005.

［55］K Koser，F Pasin. Torsional Vibrations of The Drive Shafts of Mechanisms［J］. Journal of Sound and Vibration，1997，199（4）：559-565.

［56］S Zeng，X X Wang. The Influence of Electromagnetic Balancing Regulaor on Rotor System［J］. Journal of Sound and Vibration，1999，219（4）：723-729.

［57］Y Kligerman，O Gottlieb，M S Darlow. Nonlinear Vibration of a Rotating System With an Electromagnetic Damper and a Cubic Restoring Force［J］. Journal of Vibration and Control，1998（4）：131-144.

［58］Bo-Suk Yang，Yong-Han Kim，Byung-Gu Son. Instability and Imbalance Response of Lange Induction Motor Rotor by Unbalanced Magnetic Pull［J］. Journal of Vibration and Control，2004（10）：447-460.

［59］濮良贵，纪名刚．机械设计［M］.8版．北京：高等教育出版社，2008.

［60］罗善明，余以道，郭迎福，等．带传动理论与新型带传动［M］．北京：国防工业出版社，2006.

［61］杨志安，赵利沙．电磁开关强非线性系统主共振分析［J］．噪声与振动控制，2016，36（6）：21-25，44.

[62] 崔一辉, 负超, 张栋, 等. 高速带传动系统的电控调偏机理研究[J]. 高技术通讯, 2010, 20(10): 1062-1067.

[63] Bechtel S E., Vohra S, Jacob K L, et al. The Stretching and Slipping of Belts and Fibers on Pulleys[J]. Journal of Applied Mechanics, 2000, 67: 197-206.

[64] 史尧臣. 汽车同步带传动振动与噪声研究[D]. 长春: 长春理工大学, 2016.

[65] 施绍平, 邓人忠. 同步齿形带传动系统的振动分析[J]. 机械设计, 1992(3): 30-32.

[66] 李滨城, 卢蓉芝, 杨丹. 机床带传动装置的横向振动分析和仿真[J]. 煤矿机械, 2010, 31(4): 91-93.

[67] 李滨城, Andreas Hirsch. 带传动的横向振动对机床主轴偏移的影响[J]. 现代机械, 2005(06): 16-17.

[68] 姚廷强, 迟毅林, 黄亚宇, 等. 带传动系统的多体动力学建模与接触振动研究[J]. 系统仿真学报, 2009, 21(16): 4945-4950.

[69] 庞明鑫. 大型带式输送机纵向振动动力学研究[J]. 煤矿机械, 2016, 37(10): 27-30.

[70] 庞晓旭. 带式输送机纵向振动特性研究[D]. 太原: 太原理工大学, 2015.

[71] 乔博, 李军霞. 带式输送机纵向振动特性仿真研究[J]. 煤炭技术, 2015, 34(1): 285-288.

[72] 陆兴华. 输送带纵向振动方程[J]. 煤矿机械, 2009, 30(1): 55-57.

[73] 李德双, 戈新生. 轴向运动带的横向与纵向振动分析[J]. 北京机械工业学院学报, 2008(1): 18-22.

[74] A S Abrate. Vibration of belts and belt drives[J]. Mechanism and Machine Theory, 1992, 27(6): 645-659.

[75] J MOON, J A WICKERT. NON-LINEAR VIBRATION OF POWERTRANSMISSION BELTS[J]. Journal of Sound and Vibration, 1997, 200(4): 419-431.

[76] F Pellicano, A Freglent, A Bertuzzi, et al. Primary and Parametric Non-linear Resonances of Power Transmission Belt: Experimental and Theoretical Analysis[J]. Journal of Sound and Vibration, 2001, 244(4): 669-684.

[77] L Zhang, J W Zu. Non-linear Vibrations of Viscoelastic Moving Belts, Part I: Free Vibration Analysis[J]. Journal of Sound and Vibration, 1998, 216(1): 75-91.

[78] L Zhang, J W Zu. Non-linear Vibrations of Viscoelastic Moving Belts, Part II: Forced Vibration Analysis[J]. Journal of Sound and Vibration, 1998, 216(1): 93-105.

[79] L Zhang, J W Zu. Non-linear Vibrations of Parametrically Excited Moving Belts, Part I: Dynamic Response, Journal of Applied Mechanics, 1999, 66: 396-402.

[80] L Zhang, J W Zu. Non-linear Vibrations of Parametrically Excited Viscoelastic Moving Belts, Part II: Stability Analysis[J]. Journal of Applied Mechanics, 1999, 66: 403-409.

[81] Nayfeh A H, Mook D T. Nonlinear Oscillation[M]. New York: Wiley-interscience, 1979.

[82] Li-Qun Chen. Analysis and control of transverse vibrations of axially moving strings[J]. ASME Applied Mechanics Reviews, 2005, 58(2): 91-116.

[83] Li-Qun Chen. Principal parametric resonance of axially accelerating viscoelastic strings with

an integral constitutive law Proceedings of the Royal Society of London A: Mathematical[J]. Physical and Engineering Sciences, 2005, 461(2061): 2701-2720.

[84] Chen Li-qun, Zu Jean W, Wu Jun, et al. Transverse vibrations of an axially accelerating viscoelastic string with geometric nonlinearity[J]. Journal of Engineering Mathematics, 2004, 48(2): 172-182.

[85] 吴俊, 陈立群. 轴向变速运动弦线的非线性振动的稳态响应及其稳定性[J]. 应用数学和力学, 2004, 25(9): 917-926.

[86] 陈立群. 轴向运动结构的能量关系和守恒量研究进展[J]. 北京大学学报(自然科学版), 2016, 52(4): 727-731.

[87] 李群宏, 闫玉龙, 韦丽梅, 等. 非线性传送带系统的复杂分岔[J]. 物理学报, 2013, 62(12): 65-74.

[88] 张伟, 温洪波, 姚明辉. 黏弹性传动带 1:3 内共振时的周期和混沌运动[J]. 力学学报, 2004(4): 443-454.

[89] 刘彦琦, 张伟. 参数激励黏弹性传动带的分岔和混沌特性[J]. 工程力学, 2010, 27(1): 58-62 +68.

[90] 宫苏梅, 张伟. 平带系统非线性振动实验研究[J]. 动力学与控制学报, 2014, 4: 368-372.

[91] J. A. Wickert, C. D. Mote, Jr. Classical Vibration Analysis of Axially Moving Continua[J]. Journal of Applied Mechanics, 1990, 57: 738-743.

[92] 胡宇达, 戎艳天. 磁场中轴向变速运动载流梁的参强联合共振[J]. 中国机械工程, 2016, 27(23): 3197-3207.

[93] 戎艳天, 胡宇达. 移动载荷作用下轴向运动载流梁的参强联合共振[J]. 应用数学和力学, 2018, 39(3): 266-277.

[94] 李哲, 胡宇达. 横向磁场中旋变运动导电圆板的参强联合共振[J]. 振动与冲击, 2017, 36(23): 75-82.

[95] 杨志安, 李自强. 电机轴承转子多频激励系统参—强联合共振[J]. 机械强.

[96] 邱家俊, 李文兰, 杨志安. 水轮发电机定子系统电磁激发参—强联合共振[J]. 固体力学学报, 1999(01): 35-45.

[97] 邱家俊. 交流电机由电磁力激发的参、强联合共振[J]. 力学学报, 1989(1): 49-57.

[98] 邱宣怀, 郭可谦, 吴宗泽, 等. 机械设计[M]. 4版, 北京: 机械工业出版社, 1998.

[99] Pellicano F, Freglent A, Bertuzzi A, et al. Primary and parametric non-linear resonances of power transmissin belt: experimental and theortical analysis[J]. Journal of Sound and Vibration, 2001, 244(4): 669-684.

[100] 杨志安, 李熙, 孟佳佳. 改进多尺度法求解环形极板机电耦合强非线性系统主共振的研究[J]. 振动与冲击, 2015, 34(19): 208-212.

[101] 杨志安, 赵利沙. 电磁开关强非线性系统主共振分析[J]. 噪声与振动控制, 2016, 36(6): 21-25, 44.

[102] 杨志安, 李熙. 环形极板机电耦合强非线性系统主共振—1/2 亚谐参数共振[J]. 机

械强度，2015，37（2）：198-203.

[103] 李自强，杨志安. 电机端盖强非线性主共振分析[J]. 机械强度，2015，37（2）：368-372.

[104] 郑红梅，彭迪. 轧机主传动系统强非线性扭振研究[J]. 机械设计与制造，2014（7）：159-162.

[105] 蔡萍，唐驾时. 强非线性振动系统极限环振幅控制研究[J]. 振动与冲击，2013，32（9）：110-112.

[106] 胡宇达，张小广，张志强. 功能梯度矩形板的强非线性共振分析[J]. 工程力学，2012，29（3）：16-20，40.

[107] 郝秀红，许立忠，郑大周. 机电集成超环面传动系统强非线性振动研究[J]. 中国机械工程，2010，21（19）：2278-2284.

[108] 鲍文博，闻邦椿. 一类强非线性振动系统的改进能量解析法[J]. 工程力学，2006（6）：1-5，10.

[109] 袁镒吾，刘又文. 强非线性问题的改进的L-P解法[J]. 应用数学和力学，2000（7）：741-745.

[110] 钱长照. 强非线性Duffing系统分岔响应分析的MLP方法[J]. 动力学与控制学报，2008，6（2）：126-129.

[111] J Moon，J A Wickert. Non-linear Vibrations of Power Transmission Belts [J]. Journal of Sound and Vibration，1997，200（4）：419-431.

[112] 陈宏，张晓伟，宋雪萍，等. 考虑密封的悬臂转子系统的裂纹故障分析[J]. 应用力学学报，2006，23（1）：145-149.

[113] 张靖，闻邦椿. 考虑摆振的裂纹转子的振动分析[J]. 振动与冲击，2005，24（3）：9-11，31.

[114] 吴敬东，刘长春，王宗勇，等. 非对称转子—轴承系统碰摩的动力学特性分析[J]. 振动与冲击，2005，24（5）：4-7.

[115] 张瑞成，卓丛林. 考虑电机内部因素影响的轧机主传动系统机电耦合振动特性研究[J]. 机械科学与技术，2017，36（2）：184-189.

[116] 张瑞成，卓丛林. 基于转子感应电流影响的轧机主传动机电耦合系统参激振动机理研究[J]. 振动与冲击，2016，35（17）：1-6.

[117] 张瑞成，高峥，马寅洲. 考虑电气参数影响的轧机主传动系统机电耦合振动特性研究[J]. 机械科学与技术，2016，35（8）：1189-1194.

[118] 张瑞成，卓丛林. 考虑磁参数影响的轧机主传动系统机电耦合振动特性研究[J]. 机械设计与制造，2015（8）：128-132.

[119] 张瑞成，王佩佩. 基于谐波干扰的轧机主传动机电耦合系统参激振动机理研究[J]. 现代制造工程，2013（10）：102-107.

[120] 张瑞成，童朝南. 基于交流传动的轧机机电耦合系统振动特性分析[J]. 机械强度，2006（3）：336-340.

[121] 李发海，王岩. 电机与拖动基础[M]. 北京：清华大学出版社，1994.

[122] 辜承林，陈乔夫，熊永前. 电机学[M]. 武汉：华中科技出版社，2005.

[123] 电机工程手册编辑委员会. 电机工程手册[M]. 北京：机械工业出版社，1996.

[124] 上海电器科学研究所《中小型电机设计手册》编写组. 中小型电机设计手册[M]. 北京：机械工业出版社，1994.